江西省国家重点保护野生植物图鉴

JIANGXI SHENG GUOJIA
ZHONGDIAN BAOHU
YESHENG ZHIWU TUJIAN

黄宏文　彭焱松　裘利洪　唐忠炳 ◎ 主编

江西教育出版社
JIANGXI EDUCATION PUBLISHING HOUSE
·南昌·

图书在版编目（CIP）数据

江西省国家重点保护野生植物图鉴 / 黄宏文等主编
. -- 南昌 : 江西教育出版社, 2024.3
ISBN 978-7-5705-3892-8

Ⅰ. ①江… Ⅱ. ①黄… Ⅲ. ①野生植物－植物保护－江西－图集 Ⅳ. ①Q948.525.6-64

中国国家版本馆 CIP 数据核字(2023) 第 198573 号

江西省国家重点保护野生植物图鉴

JIANGXI SHENG GUOJIA ZHONGDIAN BAOHU YESHENG ZHIWU TUJIAN

黄宏文　彭焱松　裘利洪　唐忠炳　主编

江西教育出版社出版
（南昌市学府大道 299 号　邮编：330038）

出 品 人：熊　炽
策 划 人：冷辑林
责任编辑：曹　雯

各地新华书店经销
江西赣版印务有限公司印刷
710 毫米×1000 毫米　32 开本　10 印张　260 千字
2024 年 3 月第 1 版　2024 年 3 月第 1 次印刷

ISBN 978-7-5705-3892-8
定价：98.00 元

赣教版图书如有印装质量问题，请向我社调换 电话：0791-86710427
总编室电话：0791-86705643　编辑部电话：0791-86705873
投稿邮箱：JXJYCBS@163.com　网址：http://www.jxeph.com

《江西省国家重点保护野生植物图鉴》编委会

主　　编：黄宏文　彭焱松　裘利洪　唐忠炳

副 主 编：谢明华　陈春发　周赛霞　胡　菀

编委成员：（按姓氏音序排列）

陈春发　邓绍勇　方益萍　符　潮　郭龙清

何　梅　胡　菀　胡余楠　黄宏文　江敏嘉

乐新贵　梁同军　廖许清　林昌勇　刘虹冰

龙　川　卢　建　罗火林　罗晓敏　彭巍巍

彭焱松　邱相东　裘利洪　宋玉赞　谭策铭

唐忠炳　王考安　温　馨　吴　涛　谢明华

熊丽琼　熊　宇　徐国良　杨　军　尹积华

袁　虹　占传松　占　鹏　詹慧英　詹建文

詹选怀　张　丽　张朝晖　郑育桃　周赛霞

邹细阳

主持单位：中国科学院庐山植物园

参加单位：江西省野生动植物保护中心

江西农业大学

南昌大学

赣南师范大学

江西省林业科学院

江西井冈山国家级自然保护区管理局

江西九连山国家级自然保护区管理局

江西武夷山国家级自然保护区管理局

江西庐山国家级自然保护区管理局

江西马头山国家级自然保护区管理局

江西赣江源国家级自然保护区管理局

江西铜钹山国家级自然保护区管理局

江西官山国家级自然保护区管理局

江西九岭山国家级自然保护区管理局

江西齐云山国家级自然保护区管理局

江西南风面国家级自然保护区管理局

江西阳际峰国家级自然保护区管理局

江西桃红岭梅花鹿国家级自然保护区管理局

九江市林业局

九江市林业科学研究所

景德镇市林业资源保护中心

前　　言

江西地处中国“腹地”，这个腹地并不是华夏文明之腹地，也不是地理板块之腹地，而是植物多样性之腹地。何为腹地，居中者也。江西东邻浙江、福建，其东部地区植物区系成分与东南沿海紧密相连；南连广东，其南部地区热带植物区系成分很高，属华南植物区系范畴；西与湖南共享罗霄山脉和幕阜山脉，其西南地区植物区系组成成分表现强烈；北毗湖北、安徽而共接长江，来自北边的植物，在江西北部终止南下，其北部地区北方和华中地区的植物区系成分较高。这就是江西成为植物之腹地的资本，也造就了一个植物区系成分复杂、来源很广、界限交错的江西。这样的地方所孕育的植物资源更有其独特之处，东西南北兼容并蓄。江西东、西、南部三面环山，北面邻水，中部丘陵起伏，称其为植物的“世外桃源”和“避风港”，一点也不为过，而江西回馈给世人的也正是这样。

据 2022 年最新发布的《江西维管植物多样性编目》和《江西省林业生物多样性保护公报》记载，江西已知有高等植物 6337 种，其中苔藓类植物 1141 种（含种下等级，下同），石松类和蕨类植物 488 种，裸子植物 36 种，被子植物

4672种。江西植物多样性位居全国前十，森林覆盖率位居全国第二。根据2021年经国务院批准，国家林业和草原局、农业农村部发布的调整后的《国家重点保护野生植物名录》（以下简称《名录》），江西分布有国家重点保护野生植物48科81属135种（含种下等级），其中国家一级保护野生植物9种，国家二级保护野生植物126种。江西分布的国家重点保护野生植物中，列入林业和草原主管部门分工管理的有80种，其中国家一级保护野生植物有7种，国家二级保护野生植物有73种；列入农业农村主管部门分工管理的有55种，其中国家一级保护野生植物有2种，国家二级保护野生植物有53种。

重新调整后的《名录》，相较于之前1999年发布的《名录》，江西有分布的国家重点保护野生植物有如下变化：一、伯乐树 *Bretschneidera sinensis*、莼菜 *Brasenia schreberi* 和落叶木莲 *Manglietia decidua* 由原国家一级保护野生植物调整为国家二级保护野生植物，增加大别山五针松 *Pinus dabeshanensis* 为国家一级保护野生植物；二、新增加金豆 *Fortunella venosa*、山橘 *Fortunella hindsii*、荞麦叶大百合 *Cardiocrinum cathayanum* 等23种为国家二级保护野生植物。经过20多年的调查及研究，有25种原国家二级保护野生植物因分布广、数量多、居群稳定等原因从《名录》中删除。

为进一步推进江西省国家重点保护野生植物保护工作的开展，普及调整后的《名录》，服务管理部门和执法部门有序开展野生植物保护管理，并为保护江西野生植物资源贡献一份力量，编者及其团队花费 2 年多的时间，整理了近 20 年来野外重点保护植物调查采集数据，查阅了近 3200 份重点保护植物腊叶标本，考证了 2021 年发布的《名录》中江西所产物种分布的可靠性和准确性，收集了相关方面研究资料，筛选了 700 余张重点野生保护植物野外生境、植株、花果等性状特征照片，并对每个物种的分类地位、形态特征、识别要点、分布和生境、受威胁因素、种群现状、价值与用途等方面进行了论述。力争通过此书，将江西省国家重点保护野生植物状况全面展示给读者，助力国家重点保护野生植物的保护、科学研究、科普教育及相关执法部门工作的开展。

为和国际最新研究成果接轨，本书将国家重点保护野生植物按下列方法排序：石松类和蕨类植物按照 PPG I 系统排列，裸子植物采用克氏系统（Christenhusz et al.,2011）排列，被子植物按 APG IV 系统排列。虽与以往蕨类系统（秦仁昌系统）、裸子植物系统（郑万钧系统）和被子植物系统（恩格勒系统、哈钦松系统、克朗奎斯特系统）相比变化较大，但新系统基于现代分子系统学研究的最新成果，能更好地揭示物种的演化与进化关系。本书拉丁学名主要参照《中国植物物种名录 2023 版》，金豆和山橘拉丁学名参照《中国植物志》。同时，本书物种保护现状的评估和分类主要依据《中国生物多样性红色名录——高等植物卷（2020）》，是否为极小种群主要参照《全国极小种群野生植物拯救保护工程规划

（2011—2015 年）》。

在本书的编写过程中，我们获得了来自省内外各相关研究机构、大专院校的专家学者的帮助和指正，在此我们要特别感谢中国国家标本资源共享平台（NSII）马克平老师研究团队、中国科学院武汉植物园胡光万研究员、中国科学院植物研究所金效华研究员和于胜祥研究员、中山大学廖文波教授、南昌大学杨柏云教授和葛刚教授、江西农业大学杨光耀教授和张志勇教授、赣南师范大学刘仁林教授和李中阳教授及谢宜飞博士等专家老师在整个编研过程中给予的指导与帮助。

由于本书涉及的标本、资料信息量大，我们在鉴定、分析和整理过程中难免有疏忽和错误，请读者不吝赐教，以期再版之时得以更正。非常感谢参与本书编写和提供数据的成员！

编者

2023 年 5 月

目录

苔藓植物
Bryophytes

桧叶白发藓 *Leucobryum juniperoideum* Müll. Hal.

白发藓科 Leucobryaceae　白发藓属 *Leucobryum*

形态特征：植物体高 2 cm。叶片卵披针形，干时略皱缩，湿时常偏向一边，长 5 ～ 7 mm，宽 1 ～ 2 mm，基部稍短于上部，卵形，上部狭披针形，内卷呈筒状，边全缘，中肋基部透明细胞 2 层，叶片基部细胞多行，接近中处有 5～6 行长方形细胞，边缘为 2 行线形细胞。

识别要点：叶片卵披针形，长 5 ～ 7 mm，上部狭披针形，内卷呈筒状，边全缘。

分布与生境：江西全省山区均有分布。生于阔叶林下树干或林下土层、岩石上。国内除江西外，亦分布于江苏、浙江、福建、湖北、湖南、贵州、云南、广东、海南。

受威胁因素：桧叶白发藓因翠绿鲜明的色彩及玲珑可爱的形态深受人们喜爱，其不仅在室内、案头可制成装饰效果极强的微景观，而且在景观园艺等方面具有较高的应用价值，这使得桧叶白发藓市场需求量急剧增大，野外种群数量下降。

种群现状：桧叶白发藓在江西全省山区较为多见。虽然目前在江西，桧叶白发藓野外采挖现象较少，但其在江西具体分布地点、野外种群数量和野外种群的生长情况数据不全，需要有关部门组织专业人员进行全面调查。

价值与用途：在微景观、微缩景观和生态瓶景观等方面具有较高的应用价值。

国家重点保护野生植物	中国生物多样性红色名录（高等植物卷）	极小种群（狭域分布）保护物种
二级	无危（LC）	否

桧叶白发藓 *Leucobryum juniperoideum*

石松类和蕨类植物
Lycophytes and Ferns

皱边石杉 *Huperzia crispata* (Ching & H. S. Kung) Ching

石松科 Lycopodiaceae　**石杉属** *Huperzia*

形态特征：多年生草本植物。植株矮小，茎直立或斜生，高 5 ～ 15 cm，中部直径 2 ～ 3.5 mm，枝连叶宽 2 ～ 3.5 cm，2 ～ 4 回二叉分枝，枝上部常有芽胞。叶螺旋状排列，疏生，平伸，狭椭圆形或倒披针形，向基部明显变狭，通直，长 1.2 ～ 2 cm，宽 2 ～ 3.5 mm，基部楔形，下延，有柄，先端急尖，边缘皱曲，有粗大或略小而不整齐的尖齿，两面光滑，有光泽，中脉突出明显，薄革质。孢子叶与不育叶同形；孢子囊生于孢子叶的叶腋，两端露出，肾形，黄色。

识别要点：叶螺旋状排列，狭椭圆形或倒披针形，边缘皱曲，有粗大或略小而不整齐的尖齿。

分布与生境：产于江西玉山、石城。生于海拔 900 ～ 1600 m 的林下阴湿处。国内除江西外，亦分布于湖南、重庆、四川、贵州、云南。

受威胁因素：皱边石杉含有石杉碱钾。石杉碱钾是一种可逆性胆碱酯酶抑制剂，对于中老年人良性记忆障碍、各型痴呆、记忆认知功能及情绪行为障碍具有较好的疗效，也可用于治疗重症肌无力。因其特殊的药用功效，皱边石杉野外采挖严重，野外种群数量急剧减少。同时，由于人类活动和其他植物的强势竞争，皱边石杉适宜生境被破坏或受到干扰，种群数量不断减少，且该物种在野外以零散分布为主，很难形成一个较大的居群，生存受环境的影响较大。

种群现状：皱边石杉在江西仅石城、玉山有分布，且种群数量稀少，呈零散分布。

价值与用途：全草入药。

国家重点保护野生植物	中国生物多样性红色名录（高等植物卷）	极小种群（狭域分布）保护物种
二级	易危（VU）	否

皱边石杉 *Huperzia crispata*

长柄石杉（蛇足石杉） *Huperzia javanica* (Sw.) Fraser-Jenk.

石松科 Lycopodiaceae　**石杉属** *Huperzia*

形态特征：多年生土生植物。植株矮小，茎直立或斜生，高 15 ～ 30 cm，中部直径 1.5 ～ 3.5 mm，枝连叶宽 1.5 ～ 4 cm，2 ～ 4 回二叉分枝，枝上部常有芽胞。叶螺旋状排列，疏生，平伸，阔椭圆形至倒披针形，基部明显变窄，楔形，长 2 cm，宽 2 ～ 6 mm，下延有柄，先端急尖或渐尖，边缘平直不皱曲，有粗大或略小而不整齐的尖齿，两面光滑，有光泽，中脉突出明显，薄革质；叶柄长短变化较大，长 1 ～ 3 mm。孢子叶与不育叶同形；孢子囊生于孢子叶的叶腋，两端露出，肾形，黄色。

识别要点：叶螺旋状排列，边缘平直不皱曲，有粗大或略小而不整齐的尖齿。

分布与生境：江西全省山区均有分布。生于海拔 300 ～ 1800 m 的林下、灌丛下、路旁。国内除江西外，亦分布于湖北、湖南、广东、广西、海南、重庆、四川、贵州、云南、西藏、陕西、甘肃、青海、宁夏、新疆、香港、澳门、台湾。

受威胁因素：石杉碱钾最早是从长柄石杉中提取出来的，且含量较高，这使得对长柄石杉的需求急剧增加，野外采挖严重。同时，长柄石杉野外自然繁殖率低，且生长周期缓慢。

种群现状：长柄石杉在江西全省均有分布，分布范围广，但所见居群都非常小，大多数以 2 ～ 10 株为 1 个居群，零散分布在林下、灌丛下和路旁。在野外，种群数量相对比较稳定。

价值与用途：全草入药。

国家重点保护野生植物	中国生物多样性红色名录（高等植物卷）	极小种群（狭域分布）保护物种
二级	数据缺乏（DD）	否

长柄石杉（蛇足石杉）*Huperzia javanica*

直叶金发石杉 *Huperzia quasipolytrichoides* var. *rectifolia* (J. F. Cheng) H. S. Kuang & Li Bing Zhang

石松科 Lycopodiaceae　**石杉属** *Huperzia*

形态特征：多年生土生植物。植株矮小，茎直立或斜生，高 8 ～ 11 cm，中部直径 1.2 ～ 1.4 mm，枝连叶宽 7 ～ 8 mm，3 ～ 6 回二叉分枝，枝上部有很多芽胞。叶螺旋状排列，密生，略斜下，线形，基部与中部近等宽，不明显镰状弯曲，长 5 ～ 8 mm，宽约 0.7 mm，基部截形，下延，无柄，先端渐尖，边缘平直不皱曲，全缘，两面光滑，无光泽，中脉背面不明显，腹面略可见，草质。孢子叶与不育叶同形；孢子囊生于孢子叶的叶腋，外露，肾形，黄色或灰绿色。

识别要点：叶螺旋状排列，线形，不明显镰状弯曲，边缘平直不皱曲，全缘，两面光滑。

分布与生境：产于江西湖口、玉山、芦溪。生于海拔 50 ～ 1500 m 的悬崖峭壁石头上有土壤处。国内除江西外，亦分布于福建、湖南。

受威胁因素：直叶金发石杉分布范围极窄，目前在中国数字植物标本馆仅江西（鞋山、三清山、武功山）、湖南（蓝山国家森林公园）和福建有标本记录。直叶金发石杉对生存环境要求较为苛刻，极易受到环境影响。

种群现状：目前在江西，直叶金发石杉仅在三清山和武功山地区的石头上有零散分布，且仅有 5 ～ 6 个小居群。最少的居群仅为 2 ～ 5 株，最大居群为 20 多株，种群数量非常稀少。

价值与用途：直叶金发石杉属于极危物种，具有重要科研价值，亟待加强保护。

国家重点保护野生植物	中国生物多样性红色名录（高等植物卷）	极小种群（狭域分布）保护物种
二级	极危（CR）	否

直叶金发石杉 *Huperzia quasipolytrichoides* var. *rectifolia*

四川石杉 *Huperzia sutchueniana* (Herter) Ching

石松科 Lycopodiaceae　石杉属 *Huperzia*

形态特征：多年生土生植物。植株矮小，茎直立或斜生，高8～15（极少为18）cm，中部直径1.2～3 mm，枝连叶宽1.5～1.7 cm，2～3回二叉分枝，枝上部常有芽胞。叶螺旋状排列，密生，平伸，上弯或略反折，披针形，向基部不明显变狭，通直或镰状弯曲，长5～10 mm，宽0.8～1 mm，基部楔形或近截形，下延，无柄，先端渐尖，边缘平直不皱曲，具锯齿，两面光滑，无光泽，中脉明显，革质。孢子叶与不育叶同形；孢子囊生于孢子叶的叶腋，两端露出，肾形，黄色。

识别要点：叶螺旋状排列，披针形，先端渐尖，通直或镰状弯曲，边缘平直不皱曲，具锯齿。

分布与生境：产于江西庐山、武宁、靖安、黎川、芦溪、井冈山、遂川。生于海拔800～1812 m的林下或灌丛下湿地、草地或岩石上。国内除江西外，亦分布于浙江、安徽、湖北、湖南、广东、广西、重庆、四川、贵州。

受威胁因素：四川石杉含有石杉碱钾，因其特殊的药用功效，使得对四川石杉的需求急剧增加，野外采挖严重，野外种群数量迅速减少。同时，四川石杉自身在野外繁殖率低。

种群现状：四川石杉主要分布于江西赣北地区，赣中地区分布较少。根据近15年的标本数据表明，在江西庐山、修水、芦溪、靖安和遂川有少数四川石杉标本记录。2021年中国科学院庐山植物园（以下简称"庐山植物园"）研究人员在靖安县九岭山进行科学考察时，发现1个四川石杉小居群，居群数量在30～50株。

价值与用途：全草入药。

国家重点保护野生植物	中国生物多样性红色名录（高等植物卷）	极小种群（狭域分布）保护物种
二级	近危（NT）	否

四川石杉 *Huperzia sutchueniana*

华南马尾杉 *Phlegmariurus austrosinicus* (Ching) Li Bing Zhang

石松科 Lycopodiaceae　马尾杉属 *Phlegmariurus*

形态特征：中型附生蕨类。茎簇生，成熟枝下垂，2 至多回二叉分枝，长 20 ～ 70 cm，主茎直径约 5 mm，枝连叶宽 2.5 ～ 3.3 cm。叶螺旋状排列。营养叶平展或斜向上开展，椭圆形，长约 1.4 cm，植株中部叶片宽大于 2.5 mm，基部楔形，下延，有明显的柄，有光泽，顶端圆钝，中脉明显，革质，全缘。孢子囊穗比不育部分略细瘦，非圆柱形，顶生。孢子叶椭圆状披针形，排列稀疏，长 7 ～ 11 mm，宽约 1.2 mm，基部楔形，先端尖，中脉明显，全缘。孢子囊生在孢子叶腋，肾形，2 瓣开裂，黄色。

识别要点：叶螺旋状排列。营养叶椭圆形，植株中部叶片宽大于 2.5 mm，顶端圆钝，全缘。

分布与生境：产于江西靖安、龙南、寻乌。附生于海拔 500 ～ 1100 m 的林下岩石上。国内除江西外，亦分布于广东、广西、四川、贵州、云南、香港。

受威胁因素：华南马尾杉含有石杉碱钾，因其特殊的药用功效，使得对华南马尾杉的需求急剧增加，野外采挖严重，野外种群数量迅速减少。同时，华南马尾杉生长需要一定的海拔、光照和阴湿环境，野外自然繁育率低，且更新周期长。

种群现状：华南马尾杉在江西分布较少，目前仅在靖安、龙南、寻乌有发现，零散分布在密林深处阴湿岩石上，野外居群数量稀少，多数居群为 2 ～ 6 株，以幼苗和幼株为主，成株仅为 1 ～ 2 株，极易受到环境影响而消失。

价值与用途：全草入药。

国家重点保护野生植物	中国生物多样性红色名录（高等植物卷）	极小种群（狭域分布）保护物种
二级	近危（NT）	否

华南马尾杉 *Phlegmariurus austrosinicus*

柳杉叶马尾杉 *Phlegmariurus cryptomerianus* (Maxim.) Satou

石松科 Lycopodiaceae　**马尾杉属** *Phlegmariurus*

形态特征：中型附生蕨类。茎簇生，成熟枝直立或略下垂，1 ~ 4 回二叉分枝，长 20 ~ 25 cm，枝连叶中部宽 2.5 ~ 3 cm。叶螺旋状排列，广开展。营养叶披针形，疏生，长 1.4 ~ 2.5 cm，宽 1.5 ~ 2.5 mm，基部楔形，下延，无柄，有光泽，顶端尖锐，背部中脉凸出，明显，薄革质，全缘。孢子囊穗比不育部分细瘦，顶生。孢子叶披针形，长 1 ~ 2 mm，宽约 1.5 mm，基部楔形，先端尖，全缘。孢子囊生在孢子叶腋，肾形，2 瓣开裂，黄色。

识别要点：叶螺旋状排列。营养叶披针形，背部中脉凸出，明显，薄革质。

分布与生境：产于江西铅山、资溪。附生于海拔 400 ~ 800 m 的林下树干、岩石上或土生。国内除江西外，亦分布于浙江、台湾。

受威胁因素：柳杉叶马尾杉含有石杉碱钾，因其特殊的药用功效，使得对柳杉叶马尾杉的需求急剧增加，野外采挖严重，野外种群数量迅速减少。同时，柳杉叶马尾杉对生境要求高，野外自然繁育率低，且生长周期缓慢。

种群现状：柳杉叶马尾杉在江西仅分布在铅山、资溪，分布范围极其狭窄，野外分布数量极其稀少，大多数居群零散附生在密林深处阴湿的树干或岩石上。幼苗和幼株为居群的主要构成，成株相对较少，仅为 2 ~ 5 株。

价值与用途：全草可入药。

国家重点保护野生植物	中国生物多样性红色名录（高等植物卷）	极小种群（狭域分布）保护物种
二级	近危（NT）	否

柳杉叶马尾杉 *Phlegmariurus cryptomerianus*

福氏马尾杉 *Phlegmariurus fordii* (Baker) Ching

石松科 Lycopodiaceae　马尾杉属 *Phlegmariurus*

形态特征：中型附生蕨类。茎簇生，成熟枝下垂，1至多回二叉分枝，长20～30 cm，枝连叶宽1.2～2 cm。叶螺旋状排列，但因基部扭曲而呈二列状。营养叶（至少植株近基部叶片）抱茎，椭圆披针形，长1～1.5 cm，宽3～4 mm，基部圆楔形，下延，无柄，无光泽，先端渐尖，中脉明显，革质，全缘。孢子囊穗比不育部分细瘦，顶生。孢子叶披针形或椭圆形，长4～6 mm，宽约1 mm，基部楔形，先端钝，中脉明显，全缘。孢子囊生在孢子叶腋，肾形，2瓣开裂，黄色。

识别要点：叶螺旋状排列。营养叶（至少植株近基部叶片）抱茎，椭圆披针形。

分布与生境：产于江西铅山、龙南、大余、上犹、寻乌。附生于海拔100～1500 m的竹林下阴处、山沟阴岩壁、灌木林下岩石上。国内除江西外，亦分布于浙江、福建、广东、广西、海南、贵州、云南、香港、台湾。

受威胁因素：福氏马尾杉含有石杉碱钾，因其特殊的药用功效，使得对福氏马尾杉的需求急剧增加，野外采挖严重，野外种群数量迅速减少。同时，福氏马尾杉对生境要求较为苛刻，且生长周期缓慢。

种群现状：福氏马尾杉在江西主要分布于赣南地区，分布范围较广，零散分布在密林深处的山沟阴岩壁等处，野外居群数量稀少，大多数居群仅有2～5株，在物种组成复杂、种间竞争较激烈的群落中难以生存。

价值与用途：全草入药。

国家重点保护野生植物	中国生物多样性红色名录（高等植物卷）	极小种群（狭域分布）保护物种
二级	无危（LC）	否

福氏马尾杉 *Phlegmariurus fordii*

闽浙马尾杉 *Phlegmariurus mingcheensis* Ching

石松科 Lycopodiaceae　马尾杉属 *Phlegmariurus*

形态特征：中型附生蕨类。茎簇生，成熟枝直立或略下垂，1 至多回二叉分枝，长 17 ～ 33 cm，枝连叶中部宽 1.5 ～ 2 cm。叶螺旋状排列。营养叶披针形，疏生，长 1.1 ～ 1.5 cm，宽 1.5 ～ 2.5 mm，基部楔形，下延，无柄，有光泽，顶端尖锐，中脉不显，草质，全缘。孢子囊穗比不育部分细瘦，顶生。孢子叶披针形，长 8 ～ 13 mm，宽约 0.8 mm，基部楔形，先端尖，中脉不显，全缘。孢子囊生在孢子叶腋，肾形，2 瓣开裂，黄色。

识别要点：叶螺旋状排列。营养叶披针形，基部楔形，下延，无柄。

分布与生境：产于江西玉山、铅山、婺源、黎川、井冈山、龙南、大余、崇义、于都。附生于海拔 400 ～ 1200 m 的林下石壁、树干或土生。国内除江西外，亦分布于浙江、安徽、福建、湖南、广东、广西、海南、重庆、四川。

受威胁因素：闽浙马尾杉全草入药，能退热消炎、止泻、止痛及灭虱，用于泄泻、头痛、高热、咳嗽等的治疗。因其含有的石杉碱钾药用功效特殊，使得对闽浙马尾杉的需求急剧增加，野外采挖严重，野外种群数量迅速减少。同时，闽浙马尾杉野外自然繁育率低，生长缓慢，更新周期长。

种群现状：闽浙马尾杉在江西的分布范围较广，但为零散分布，且大多数为 5 ～ 10 株的小居群，居群构成又以幼株为主，极易受到生境的破坏或环境的影响，导致野外种群数量缩减。

价值与用途：全草入药。

国家重点保护野生植物	中国生物多样性红色名录（高等植物卷）	极小种群（狭域分布）保护物种
二级	无危（LC）	否

闽浙马尾杉 *Phlegmariurus mingcheensis*

有柄马尾杉 *Phlegmariurus petiolatus* (C. B. Clarke) C. Y. Yang

石松科 Lycopodiaceae　马尾杉属 *Phlegmariurus*

形态特征：中型附生蕨类。茎簇生，成熟枝下垂，2 至多回二叉分枝，长 20 ～ 75 cm，主茎直径约 5 mm，枝连叶宽 2.8 ～ 3.5 cm。叶螺旋状排列。营养叶平展或斜向上开展，椭圆状披针形，长 1.2 cm，植株中部叶片宽小于 2 mm，基部楔形，下延，有明显的柄，有光泽，先端渐尖，中脉明显，革质，全缘。孢子囊穗比不育部分略细瘦，非圆柱形，顶生。孢子叶椭圆状披针形，排列稀疏，长 6 ～ 9 mm，宽约 1 mm，基部楔形，先端尖，中脉明显，全缘。孢子囊生在孢子叶腋，肾形，2 瓣开裂，黄色。

识别要点：叶螺旋状排列。营养叶椭圆状披针形，基部楔形，下延，有明显的柄，中脉明显，革质。

分布与生境：产于江西崇义。附生于海拔 700 ～ 1100 m 的溪旁、路边、林下的树干、岩石上或土生。国内除江西外，亦分布于福建、湖南、广东、广西、重庆、四川、云南。

受威胁因素：有柄马尾杉药用价值较高，市场需求大，导致野外采挖严重，野外种群数量急剧减少。同时，有柄马尾杉所需要的生境较为苛刻，且野外自然繁育力低，生长缓慢，更新周期长。

种群现状：有柄马尾杉在江西仅分布于崇义，分布范围狭窄。其野外居群数量稀少，且呈零散分布，难以形成较大居群，以 3 ～ 6 株的小居群为主，居群中成株较少。

价值与用途：全草入药。

国家重点保护野生植物	中国生物多样性红色名录（高等植物卷）	极小种群（狭域分布）保护物种
二级	数据缺乏（DD）	否

有柄马尾杉 *Phlegmariurus petiolatus*

中华水韭 *Isoetes sinensis* Palmer

水韭科 Isoetaceae　水韭属 *Isoetes*

形态特征：多年生沼地生植物，植株高 15 ～ 30 cm。根茎肉质，块状，略呈 2 ～ 3 瓣，具多数二叉分歧的根；向上丛生多数向轴覆瓦状排列的叶。叶多汁，草质，鲜绿色，线形，长 15 ～ 30 cm，宽 1 ～ 2 mm，内具 4 个纵行气道围绕中肋，并有横隔膜分隔成多数气室，先端渐尖，基部广鞘状，膜质，黄白色，腹部凹入，上有三角形渐尖的叶舌，凹入处生孢子囊。孢子囊椭圆形，长约 9 mm，直径约 3 mm，具白色膜质盖。

识别要点：叶多汁，线形，长 15 ～ 30 cm，宽 1 ～ 2 mm，腹部凹入处生孢子囊。孢子囊具白色膜质盖。

分布与生境：产于江西武宁、彭泽、铜鼓、泰和。生于海拔 100 ～ 300 m 的浅水池塘边、水田、沼泽和山沟淤泥上。国内除江西外，亦分布于江苏、浙江、安徽、湖南、广西。

受威胁因素：中华水韭分布范围狭窄，仅分布在长江中下游的沼泽湿地。本种需要湿生和浅水环境，这种环境非常脆弱，一方面随着大量的修路及旅游业的发展，直接破坏了中华水韭的生存生境；另一方面中华水韭对水污染敏感，若工业污水和生活污水排入河流中，造成水体污染，可直接危害其生存。同时，中华水韭的卵也有退化的可能，导致卵发育不成熟，直接降低其生殖能力。

种群现状：中华水韭在江西主要分布于赣北地区，数量极其稀少。从中国数字植物标本馆近 20 年的标本记录来看，江西仅在铜鼓、武宁有采集记录，其中武宁为庐山植物园标本馆研究人员于 2023 年 10 月在武宁进行重点植物调查时首次发现。彭泽与泰和两处都为历史记载，未见标本。这些记录在一定程度上说明中华水韭在江西的野外种群数量极其稀少。

价值与用途：具有重要科研价值。

国家重点保护野生植物	中国生物多样性红色名录（高等植物卷）	极小种群（狭域分布）保护物种
一级	濒危（EN）	否

中华水韭 *Isoetes sinensis*

福建观音座莲 *Angiopteris fokiensis* Hieron

合囊蕨科 Marattiaceae　观音座莲属 *Angiopteris*

形态特征：植株高大。根状茎块状，直立，下面簇生有圆柱状的粗根。叶柄粗壮，干后褐色。叶片宽卵形；羽片 5 ～ 7 对，互生，狭长圆形，奇数羽状；小羽片 35 ～ 40 对，披针形，渐尖头，基部近截形或几圆形，顶部向上微弯，下部小羽片较短，顶生小羽片分离，有柄，和下面的同形，叶缘全部具有规则的浅三角形锯齿。叶脉开展，下面明显，相距不到 1 mm，一般分叉，无倒行假脉。叶为草质，上面绿色，下面淡绿色，两面光滑。孢子囊群棕色，长圆形，彼此接近，由 8 ～ 10 个孢子囊组成。

识别要点：叶为宽卵形，奇数羽状，小羽片 35 ～ 40 对，无倒行假脉。孢子囊群棕色，由 8 ～ 10 个孢子囊组成。

分布与生境：产于江西铅山、贵溪、资溪、芦溪、新余、井冈山、泰和、遂川、安福、龙南、信丰、大余、上犹、崇义、安远、全南、于都、寻乌、黎川、定南、会昌、瑞金、石城、宁都等地。生于海拔 1100 m 以下的溪沟边或林下。国内除江西外，亦分布于福建、湖北、湖南、广东、广西、海南、重庆、贵州。

受威胁因素：福建观音座莲的块茎可提取淀粉，也可入药，其嫩叶可以食用。福建观音座莲叶宽大且奇特，块茎簇生圆柱状的粗根，形似观音菩萨的莲花宝座，因而备受青睐，可用于园林园艺景观、盆栽及庭院造景，市场需求量大，野外采挖严重，生境遭到破坏。

种群现状：福建观音座莲主要分布在江西赣南地区，赣中地区也有少量分布，成株数量相对较少，以幼株为主，野外种群数量相对较稳定。

价值与用途：块茎可提取淀粉，也可药用；可作为庭院观赏植物。

国家重点保护野生植物	中国生物多样性红色名录（高等植物卷）	极小种群（狭域分布）保护物种
二级	无危（LC）	否

福建观音座莲 *Angiopteris fokiensis*

金毛狗 *Cibotium barometz* (L.) J. Sm.

金毛狗科 Cibotiaceae　金毛狗属 *Cibotium*

形态特征：根状茎卧生，顶端生出一丛大叶；叶柄棕褐色，基部被有一大丛垫状的金黄色茸毛，有光泽，上部光滑；叶卵状三角形，3 回羽状分裂；下部羽片为长圆形，有柄。叶革质或厚纸质，下面为灰白或灰蓝色，两面光滑。孢子囊群在每一末回能育裂片 1 ～ 5 对，生于下部的小脉顶端；囊群盖坚硬，棕褐色，横长圆形，两瓣状，内瓣较外瓣小，成熟时张开如蚌壳，露出孢子囊群。孢子为三角状的四面形，透明。

识别要点：根状茎基部被垫状的金黄色茸毛。叶卵状三角形，3 回羽状分裂，下面为灰白或灰蓝色。孢子囊群盖两瓣状，成熟时张开如蚌壳。

分布与生境：产于江西新余、湘东、安源、芦溪、井冈山、泰和、遂川、安福、永新、龙南、信丰、大余、上犹、崇义、安远、全南、寻乌、靖安、定南、会昌、石城。生于海拔 1000 m 以下的山麓沟边及林下阴处酸性土上。国内除江西外，亦分布于浙江、福建、广东、海南、四川、贵州、云南、台湾。

受威胁因素：金毛狗根状茎能入药，可防治骨质疏松、止血、镇痛、抗风湿等。又因其根状茎基部密被金黄色茸毛，形似一只金黄绒毛玩具狗，再加上它四季常绿、雅致清新的大型羽状叶，成为备受青睐的观赏植物。这使得金毛狗市场需求量增大，野外采挖严重，生境被破坏。

种群现状：金毛狗主要分布于江西南部地区，在赣南山区较为多见，成株数量较多，野外种群数量较稳定。

价值与用途：根状茎及茸毛入药，茸毛外用可治外伤出血；可作为庭院观赏植物。

国家重点保护野生植物	中国生物多样性红色名录（高等植物卷）	极小种群（狭域分布）保护物种
二级	无危（LC）	否

金毛狗 *Cibotium barometz*

桫椤 *Alsophila spinulosa* (Wall. ex Hook.) R. M. Tryon

桫椤科 Cyatheaceae　桫椤属 *Alsophila*

形态特征：茎干高达 2m 或更高，直径 10 ～ 20cm，上部有残存的叶柄，下部密被不定根。叶螺旋状排列于茎顶端；茎段端和拳卷叶以及叶柄的基部密被鳞片和糠秕状鳞毛；叶柄长 30 ～ 50cm，叶轴和羽轴有刺状突起；叶片大，长矩圆形，长 1 ～ 2m，宽 0.4 ～ 1.5m，3 回羽状深裂；羽片 17 ～ 20 对，互生，2 回羽状深裂；小羽片 18 ～ 20 对；叶纸质，干后绿色；羽轴、小羽轴和中脉上面被糙硬毛，下面被灰白色小鳞片。孢子囊群孢生于侧脉分叉处，靠近中脉，囊群盖球形。

识别要点：叶柄的基部密被鳞片和糠秕状鳞毛，叶 3 回羽状深裂；羽轴、小羽轴和中脉上面被糙硬毛，下面被灰白色小鳞片。

分布与生境：产于江西全南。生于海拔 200 ～ 400 m 的山地溪旁或疏林中。国内除江西外，亦分布于福建、湖南、广东、广西、海南、重庆、四川、贵州、云南、西藏、香港、台湾。

受威胁因素：桫椤科植物是唯一的树形蕨类，成熟时，叶片散开，像一把雨伞，广受人们喜爱；桫椤有极高的药用价值；桫椤树干称为蛇木，是养兰花最好的材料。上述因素使得桫椤市场需求量增大，野外采挖严重，生境被破坏。同时，桫椤孢子在自然条件下寿命短，难以萌发，孢子—配子体—孢子体的生活周期长。

种群现状：桫椤在江西仅分布于全南，数量极其稀少，2 株均生于杉木林下。大余丫山有栽培。根据《江西植物志》记载，大余和崇义有桫椤分布，但一直未见到标本和活体植株。2021 年庐山植物园陈春发在大余丫山常绿阔叶林下水沟边发现有小苗，疑为栽培后逃逸。

价值与用途：可作为观赏植物。

国家重点保护野生植物	中国生物多样性红色名录（高等植物卷）	极小种群（狭域分布）保护物种
二级	易危（VU）	否

桫椤 *Alsophila spinulosa*

粗梗水蕨 *Ceratopteris pteridoides* (Hook.) Hieron

凤尾蕨科 Pteridaceae　水蕨属 *Ceratopteris*

形态特征：植株高 20 ～ 30 cm；叶柄、叶轴与下部羽片的基部均显著膨胀成圆柱形，叶柄基部尖削，布满细长的根。叶二型；不育叶为深裂的单叶，绿色，光滑，柄长约 8 cm，粗约 1.6 cm，叶片卵状三角形，裂片宽带状；能育叶幼嫩时绿色，成熟时棕色，光滑，柄长 5 ～ 8 cm，粗 1.2 ～ 2.7 cm；叶片长 15 ～ 30 cm，阔三角形，2 ～ 4 回羽状；末回裂片边缘薄而透明，呈线形或角果形，渐尖头。孢子囊幼时为反卷的叶缘所覆盖，成熟时张开，露出孢子囊。

识别要点：通常漂浮，叶柄、叶轴与下部羽片的基部均显著膨胀成圆柱形，能育叶比不育叶高。

分布与生境：产于江西柴桑、永修、都昌、湖口、瑞昌、泰和、安远。常浮生于沼泽、河沟和水塘。国内除江西外，亦分布于江苏、安徽、山东、湖北、湖南。

受威胁因素：随着人类活动范围的不断扩大，粗梗水蕨生境片段化日益严重，导致种群间的交流减少，种群遗传分化水平变低，从而降低了粗梗水蕨环境适应性。再加上工业污水排放及农药大量使用的双重因素，导致水体污染日益严重，对粗梗水蕨生存造成了直接危害。同时，粗梗水蕨孢子萌发率不高。

种群现状：粗梗水蕨在江西的分布范围窄，种群分布点较少，但种群数量较多。2023 年以来庐山植物园标本馆研究人员陆续在都昌、湖口、柴桑、瑞昌发现种群面积较大的群落，种群数量累计超过 10 万株。

价值与用途：嫩叶可食用；可作为园林观赏植物；可作为研究植物性别决定以及分子生物学、配子体形态、生物化学、遗传学和细胞生物学等的研究材料。

国家重点保护野生植物	中国生物多样性红色名录（高等植物卷）	极小种群（狭域分布）保护物种
二级	极危（CR）	否

粗梗水蕨 *Ceratopteris pteridoides*

水蕨 *Ceratopteris thalictroides* (L.) Brongn

凤尾蕨科 Pteridaceae　水蕨属 *Ceratopteris*

形态特征：植株幼嫩时呈绿色，多汁柔软，根状茎短而直立，以一簇粗根着生于淤泥。叶簇生，二型。不育叶柄圆柱形，肉质，不膨胀；叶片直立或幼时漂浮，狭长圆形，2～4回羽状深裂，裂片5～8对，互生，卵形或长圆形；能育叶的柄与不育叶的相同；叶片长圆形或卵状三角形，2～3回羽状深裂；裂片狭线形。孢子囊沿主脉两侧的网眼着生，成熟后露出孢子囊。

识别要点：根着生淤泥中。叶柄连同叶轴不膨胀。能育叶比不育叶高，长圆形或卵形。

分布与生境：产于江西濂溪、瑞昌、庐山、永修、铅山、婺源、宜丰、井冈山、泰和、上犹、安远、临川。生于低海拔地区的池沼、水田或水沟的淤泥中，有时漂浮于深水面上。国内除江西外，亦分布于江苏、浙江、安徽、福建、山东、湖北、广东、广西、四川、云南、台湾。

受威胁因素：随着人类活动范围的不断扩大，水蕨生境片段化日益严重，导致种群间的交流减少，种群遗传分化水平变低，从而降低了水蕨环境适应性。同时，工业污水排放及农药大量使用的双重因素影响下，水体污染日益严重，对水蕨生存造成了直接危害。

种群现状：水蕨在江西的分布范围较广，但野外种群数量极其稀少。中国数字植物标本馆标本数据表明，水蕨在江西的采集记录有33条，大部分为2000年以前的采集记录，最近的一次采集记录为2011年。近20年的采集记录明显减少，能在一定程度上说明在江西水蕨野外种群数量在不断减少。

价值与用途：茎叶入药，嫩叶可做蔬菜。

国家重点保护野生植物	中国生物多样性红色名录（高等植物卷）	极小种群（狭域分布）保护物种
二级	易危（VU）	否

水蕨 *Ceratopteris thalictroides*

苏铁蕨 *Brainea insignis* (Hook.) J. Sm.

乌毛蕨科 Blechnaceae　苏铁蕨属 *Brainea*

形态特征： 大型形似苏铁土生植物，高 0.6 ～ 1.7 m。主轴直立或斜上。根状茎粗短，粗 15 ～ 40 cm，木质，直立，密被线形鳞片。叶簇生，一型；具粗叶柄，长 10 ～ 30 cm；叶片椭圆披针形，长 50 ～ 100 cm，平展，1 回羽状；羽片 30 ～ 50 对，对生或互生，线状披针形至狭披针形，厚革质，先端长渐尖，基部呈圆耳形，边缘有细密的锯齿，近无柄；叶脉明显网状，沿主脉两侧各有 1 行三角形或多角形网眼，小脉单一或二叉，达叶边。孢子囊群沿小脉着生，成熟时汇合，无囊群盖。孢子囊圆形。

识别要点： 主轴直立或斜上。叶片椭圆披针形，1 回羽状；羽片线状披针形至狭披针形，边缘有细密的锯齿，沿主脉两侧各有 1 行三角形或多角形网眼。

分布与生境： 产于江西龙南、寻乌。生于海拔 100 ～ 500 m 的常绿阔叶林或针阔混交林下。国内除江西外，亦分布于福建、广东、广西、海南、贵州、云南、香港、澳门、台湾。

受威胁因素： 苏铁蕨树形优美，形体苍劲，其嫩叶呈红色，老叶为绿色，园林观赏价值高，广受人们喜爱，这使得苏铁蕨市场需求增加，野外采挖严重，生境被破坏。

种群现状： 苏铁蕨在江西仅在南部寻乌和龙南地区有分布。寻乌的苏铁蕨群落内共有 8 株，叶背面没有孢子囊群，其周围并没有幼苗，乔木伴生优势种为针叶树马尾松 *Pinus massoniana* Lamb.，伴生蕨类有芒萁 *Dicranopteris pedata* (Houtt.) Nakaike 和狗脊 *Woodwardia japonica* (L. f.) Sm.。龙南的苏铁蕨分布于九连山国家级自然保护区内，数量稀少。

价值与用途： 根茎入药，可作为园林观赏植物。

国家重点保护野生植物	中国生物多样性红色名录（高等植物卷）	极小种群（狭域分布）保护物种
二级	易危（VU）	否

苏铁蕨 *Brainea insignis*

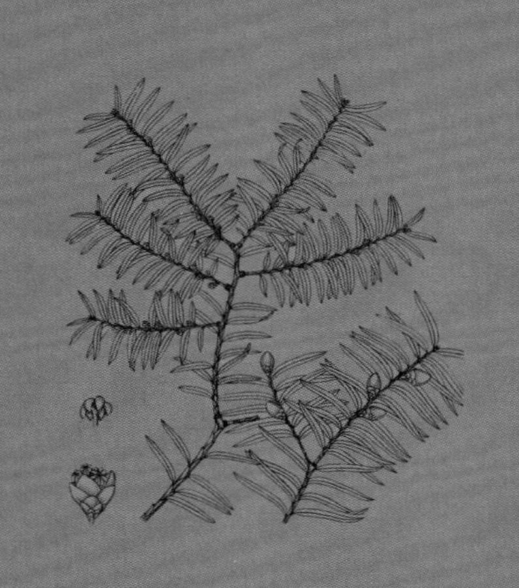

裸子植物
Gymnosperms

百日青 *Podocarpus neriifolius* D. Don

罗汉松科 Podocarpaceae　罗汉松属 *Podocarpus*

形态特征：乔木或小乔木。树皮灰褐色，成片状纵裂；枝条开展或斜展。叶螺旋状着生，披针形，厚革质，常微弯，长 7 ～ 15 cm，宽 9 ～ 13 mm，先端具渐尖的长尖头，有短柄，上面中脉隆起，下面微隆起或近平。雄球花穗状，单生或 2 ～ 3 个簇生，长 2.5 ～ 5 cm，总梗较短，基部有多数螺旋状排列的苞片。种子卵圆形，长 8 ～ 16 mm，顶端圆或钝，熟时肉质假种皮紫红色，种托肉质橙红色，梗长 9 ～ 22 mm。花期 5 月，种子 10 ～ 11 月成熟。

识别要点：叶螺旋状着生，披针形，先端具渐尖的长尖头，有短柄，上面中脉隆起。

分布与生境：产于江西庐山、玉山、婺源、贵溪、黎川、资溪、井冈山、赣县、大余、安远。生于海拔 300 ～ 660 m 的山地或阔叶树混生成林中。国内除江西外，亦分布于福建、湖南、广东、广西、贵州等地。

受威胁因素：百日青种群数量稀少，生长速度缓慢，雌雄异株，结实率低，在天然林下竞争能力弱，更新能力缓慢。同时，该树种为传统园林观赏树种，在庭院造景和盆景制作中备受青睐，野生资源容易被采挖破坏。

种群现状：百日青在江西多为大树、古树，分布在村庄周边，大多为栽培，极少野生。

价值与用途：优质用材，枝叶、根可入药，可作为庭院栽培、园林观赏植物。

国家重点保护野生植物	中国生物多样性红色名录（高等植物卷）	极小种群（狭域分布）保护物种
二级	易危（VU）	否

百日青 *Podocarpus neriifolius*

福建柏 *Fokienia hodginsii* (Dunn) A. Henry & H. H. Thomas

柏科 Cupressaceae　福建柏属 *Fokienia*

形态特征：乔木。树皮紫褐色，平滑；生鳞叶的小枝扁平，排成一平面。鳞叶 2 对交叉对生，成节状，上面之叶蓝绿色，下面之叶中脉隆起，两侧具凹陷的白色气孔带，背有棱脊。球果近球形，熟时褐色，径 2 ～ 2.5 cm；种鳞顶部多角形，表面皱缩稍凹陷，中间有一小尖头突起。种子顶端尖，具 3 ～ 4 棱，长约 4 mm，上部有两个大小不等的翅：大翅近卵形，长约 5 mm；小翅窄小，长约 1.5 mm。花期 3 ～ 4 月，种子翌年 10 ～ 11 月成熟。

识别要点：鳞叶 2 对交叉对生，成节状，叶背两侧具凹陷的白色气孔带。

分布与生境：产于江西德兴、玉山、铅山、黎川、资溪、分宜、芦溪、井冈山、遂川、安福、永新、大余、上犹、崇义。生于海拔 300 ～ 1500 m 的山地林下。国内除江西外，亦分布于浙江、福建、湖南、广东、广西、四川、贵州、云南。

受威胁因素：福建柏为单种属植物，仅在中国长江以南、越南北部、老挝有分布。在中国，福建柏集中分布区域为南岭山地及其两侧山区。福建柏是优良的用材树种，由于人为的砍伐，天然福建柏林生境和种群数量都遭到了严重破坏，导致其面积日益缩小，只在偏远山区有零星分布。同时，天然福建柏林更新能力弱。目前只在自然保护区内和偏远山区密林中福建柏才得以保护，剩余区域都遭到了不同程度的破坏。

种群现状：在江西，福建柏主要分布于罗霄山脉南段、诸广山脉和怀玉山脉，单种数量稀少；集中分布于赣西南山区，可形成群落，但多为零星或散生于山地林中。

价值与用途：优良用材，庭院绿化。

国家重点保护野生植物	中国生物多样性红色名录（高等植物卷）	极小种群（狭域分布）保护物种
二级	易危（VU）	否

福建柏 *Fokienia hodginsii*

水松 *Glyptostrobus pensilis* (Staunton ex D. Don) K. Koch

柏科 Cupressaceae　**水松属** *Glyptostrobus*

形态特征：乔木。树干基部膨大成柱槽状，并且有伸出土面或水面的吸收根；树皮纵裂成不规则的长条片。叶多型：鳞形叶较厚或背腹隆起，螺旋状着生；条形叶两侧扁平，薄，常列成二列；条状钻形叶两侧扁，背腹隆起。球果倒卵圆形，长 2 ～ 2.5 cm，径 1.3 ～ 1.5 cm。初生叶条形，长约 2 cm，宽 1.5 mm，轮生、对生或互生。主茎有白色小点。花期 1 ～ 2 月，球果秋后成熟。

识别要点：生于水边，树干基部膨大，叶多型（鳞形、条形、条状钻形），球果倒卵圆形。

分布与生境：产于江西弋阳、余江、铅山、横峰、贵溪。生于海拔 1000 m 以下地区，为喜光树种，喜温暖湿润的气候及水湿的环境，耐水湿，不耐低温，对土壤的适应性较强。国内除江西外，亦分布于福建、广东、广西、海南、四川、云南等地，各地也有栽培。

受威胁因素：水松是古松柏类植物孑遗种。水松在第四纪冰川活动的影响下，仅 1 种残存下来，零星生长，稀少。由于水松生长环境的局限，目前残存的大树都是人工栽培的。同时，由于水松果实病虫害严重，种子活性低，抗污能力差，自然种群更新十分困难，已有面临灭绝的危险。

种群现状：目前在江西，水松大部分都是栽培。残存的古水松仅见于江西东北部，多栽于湖边、池塘及水田旁，自然更新苗木极为稀少。弋阳县残存 6 株水松，胸径 165 ～ 185 cm，树龄均在 1000 年以上；余江县有沿池塘排列栽植的 11 株水松，胸径 60 ～ 139 cm，每株基部都有膨大的柱槽状瘤状体增生。

价值与用途：用材；水土保持；栽于河边、堤旁，作固堤护岸和防风之用；树形优美，可作绿化树种。

国家重点保护野生植物	中国生物多样性红色名录（高等植物卷）	极小种群（狭域分布）保护物种
一级	易危（VU）	是

水松 *Glyptostrobus pensilis*

穗花杉 *Amentotaxus argotaenia* (Hance) Pilg.

红豆杉科 Taxaceae　穗花杉属 *Amentotaxus*

形态特征：灌木或小乔木，高达 7 m。树皮灰褐色或淡红褐色，裂成片状脱落。小枝斜展或向上伸展。叶基部扭转列成二列，条状披针形，直或微弯镰状，长 3 ～ 11 cm，宽 6 ～ 11 mm，下面白色气孔带与绿色边带等宽或较窄。雄球花穗 1 ～ 3（多为 2）穗。种子椭圆形，成熟时假种皮鲜红色，长 2 ～ 2.5 cm。花期 4 月，种子 10 月成熟。

识别要点：叶基部扭转列成二列，条状披针形，背面具两条宽的白色气孔带。种子成熟时红色假种皮全包。

分布与生境：产于江西修水、宜丰、铜鼓、莲花、芦溪、井冈山、遂川、安福、永新、上犹、寻乌。生于海拔 500 ～ 1861 m 的阴湿溪谷、沟谷或林内。分布于西南、华南、华中、华东等地。

受威胁因素：穗花杉虽然分布很广，但种群个体数量稀少。本种在野外偶见结果，仅在具有一定种群数量且结构比较完整的种群中，才表现出其自然繁殖能力。穗花杉种子具有后熟作用，在野外自然条件下 2 ～ 3 年才能发芽，当其生境遭到破坏，而呈现散生或孤立生长状态时，繁殖率极为低下。同时，其种子易遭鼠害，加之森林采伐导致生境恶化，需加以保护。

种群现状：目前江西发现并已报道研究的穗花杉居群有 2 个，分别为江西井冈山穗花杉群落，个体数量 45 株；江西宜丰县官山穗花杉群落，个体数量 133 株，为建群种。近年庐山植物园在进行江西省本土植物全覆盖调查过程中，在萍乡市莲花县高天岩和芦溪县武功山发现有较大面积的穗花杉群落，生长良好。除上述地方群落面积较大外，其余分布点多为零星分布。

价值与用途：用材，根、树皮、种子可入药，可用于观赏及绿化。

国家重点保护野生植物	中国生物多样性红色名录（高等植物卷）	极小种群（狭域分布）保护物种
二级	无危（LC）	否

穗花杉 *Amentotaxus argotaenia*

篦子三尖杉 *Cephalotaxus oliveri* Mast.

红豆杉科 Taxaceae　三尖杉属 *Cephalotaxus*

形态特征：灌木或小乔木。树皮灰褐色。叶条形，质硬，平展成两列，排列紧密，通常中部以上向上方微弯，长 2 ～ 5 cm，宽 3 ～ 4.5 mm，基部截形或微呈心形，几无柄，先端凸尖或微凸尖，上面深绿色，微拱圆，中脉微明显或中下部明显，下面气孔带白色，较绿色边带宽 1 ～ 2 倍。雄球花 6 ～ 7 聚生成头状花序。种子倒卵圆形、卵圆形或近球形，长约 2.7 cm，径约 1.8 cm，顶端中央有小凸尖，有长梗。花期 3 ～ 4 月，种子 8 ～ 10 月成熟。

识别要点：叶条形，两列，排列紧密，中部向上微弯曲，基部截形。

分布与生境：产于江西修水、宜丰、铜鼓、南丰、芦溪、遂川、安福、大余、崇义。生于海拔 288 ～ 700 m 的湿润性或半湿润型阔叶林或毛竹林下，多为沿河谷地带或沿溪两侧分布。国内除江西外，亦分布于湖北、湖南、广东、广西、重庆、四川、贵州、云南。

受威胁因素：篦子三尖杉是中国特有古老孑遗植物，多呈现为间断分布。由于自身繁殖因素与环境的限制，极少存在大面积优势群落，其种群数量日趋减少。同时，由于其生于低海拔常绿阔叶林下，常因阔叶林砍伐或造林导致其生境遭到破坏，种群数量减少。

种群现状：篦子三尖杉主要集中分布于罗霄山脉地区，种群数量较少。2016 年赣南师范大学南岭植物标本馆团队在第二次国家野生重点保护植物调查过程中，分别在安福县陈山村、遂川县五斗江镇、大余县吉村镇发现了群落面积较大的篦子三尖杉群落。2022 年萍乡市林业科学研究所组织人员在武功山地区进行了篦子三尖杉群落调查，发现在该地其种群数量较稳定，生于毛竹林中。

价值与用途：用材，观赏，种子可榨油。

国家重点保护野生植物	中国生物多样性红色名录（高等植物卷）	极小种群（狭域分布）保护物种
二级	易危（VU）	否

①种子枝

②植株

③雄球花枝

④种子及叶背白色气孔带

篦子三尖杉 *Cephalotaxus oliveri*

白豆杉 *Pseudotaxus chienii* (W. C. Cheng) W. C. Cheng

红豆杉科 Taxaceae　白豆杉属 *Pseudotaxus*

形态特征：灌木，高 4 ～ 5 m。树皮灰褐色，裂成条片状脱落。小枝下垂。叶条形，排列成两列，直或微弯，长 1.5 ～ 2.6 cm，宽 2.5 ～ 4.5 mm，先端凸尖，基部近圆形，有短柄，两面中脉隆起，上面光绿色，下面有两条白色气孔带，较绿色边带为宽或几等宽。种子卵圆形，顶端有凸起的小尖，成熟时肉质杯状假种皮白色。花期 3 月下旬至 5 月，种子 10 月成熟。

识别要点：灌木。叶直，先端凸尖，背面具两条宽的白色气孔带。种子具白色假种皮。

分布与生境：产于江西德兴、玉山、铅山、芦溪、井冈山、遂川、安福、上犹。生于海拔 730 ～ 1600 m 的亚热带中山地区的林下、岩石缝上或灌丛中，喜温凉湿润、云雾多、光照弱。国内除江西外，亦分布于浙江、湖南、广东、广西等地。

受威胁因素：白豆杉分布零散，个体稀少。其雌雄异株，生于林下的雌株往往不能正常受粉，导致雌株结实常不稳定，受孕率低；种子休眠期长，需隔年发芽，天然更新困难。同时，随着植被的破坏，生境恶化，导致其分布区逐渐缩小，资源日趋枯竭。

种群现状：白豆杉在江西主要集中分布在罗霄山脉、武夷山脉和怀玉山脉，其中以井冈山和三清山的白豆杉群落面积最大，种群数量稳定，保存最好，剩余分布地都为零星或孤立生长。2022 年庐山植物园标本馆团队在武夷山进行兰科植物验收调查时，发现本种亦有生长，但种群个体数量较少。

价值与用途：园林观赏；白豆杉是第三纪残遗于中国的单种属植物，对研究植物区系与红豆杉科系统发育有科学价值。

国家重点保护野生植物	中国生物多样性红色名录（高等植物卷）	极小种群（狭域分布）保护物种
二级	易危（VU）	否

白豆杉 *Pseudotaxus chienii*

红豆杉 *Taxus wallichiana* var. *chinensis* (Pilg.) Florin

红豆杉科 Taxaceae　红豆杉属 *Taxus*

形态特征：乔木。树皮裂成条片脱落。叶排列成两列，条形，微弯或较直，长 1.5 ～ 2.2 cm，宽 2 ～ 4 mm，上部微渐窄，先端常微急尖，稀急尖或渐尖，上面深绿色，有光泽，下面淡黄绿色，有两条气孔带，中脉带上有密生均匀而微小的圆形角质乳头状突起点，常与气孔带同色，稀色较浅。雄球花淡黄色，雄蕊 8 ～ 14 枚。种子生于杯状红色肉质的假种皮中，常呈卵圆形，上部渐窄，种脐近圆形或宽椭圆形，稀三角状圆形。

识别要点：叶两列，条形，较短，微弯或较直。肉质假种皮为红色，不全包。

分布与生境：产于江西芦溪。生于海拔 1000 ～ 1400 m 的溪谷林下。国内除江西外，亦分布于浙江、安徽、福建、湖北、湖南、广西、四川、贵州、云南、陕西、甘肃。

受威胁因素：红豆杉种群数量稀少，分布区域局限。在天然林下，其种群竞争能力弱，生长周期长，更新能力弱。同时，红豆杉属植物是优良的材用、药用、园林绿化树种，尤其自 20 世纪 80 年代从该属植物分离提取的紫杉醇作为抗癌药物以来，一些不法分子置国家法令于不顾，大肆盗取红豆杉资源，致使其生境遭到严重破坏，种群数量急剧减少。

种群现状：目前在江西仅发现 1 个红豆杉分布地点，散生分布于落叶阔叶林或针阔混交林中，数量极其稀少。

价值与用途：用材，园林绿化观赏，药用。

国家重点保护野生植物	中国生物多样性红色名录（高等植物卷）	极小种群（狭域分布）保护物种
一级	易危（VU）	否

红豆杉 *Taxus wallichiana* var. *chinensis*

南方红豆杉 *Taxus wallichiana* var. *mairei* (Lemée & H. Lév.) L. K. Fu & Nan Li

红豆杉科 Taxaceae　红豆杉属 *Taxus*

形态特征：本变种与红豆杉的区别主要在于叶较宽长，多呈弯镰状，通常长 2 ～ 3.5 cm，宽 3 ～ 4 mm，上部常渐窄，先端渐尖，下面中脉带上无角质乳头状突起点，或局部有乳头状突起点，中脉带明晰可见，其色泽与气孔带相异，呈淡黄绿色或绿色，绿色边带亦较宽而明显。种子通常较大，微扁，多呈倒卵圆形，上部较宽，稀柱状矩圆形，长 7 ～ 8 mm，径 5 mm，种脐常呈椭圆形。

识别要点：叶两列，条形，较长，呈镰刀形弯曲。

分布与生境：全省南北均有分布。生于海拔 1300 m 以下的山谷、溪边、林下或村庄周边。国内除江西外，亦分布于浙江、安徽、福建、河南、湖北、湖南、广东、广西、四川、贵州、云南、陕西、甘肃、台湾等地。

受威胁因素：红豆杉属植物是优良的材用、药用、园林绿化树种。同时，该属植物分离提取的紫杉醇可用于抗癌，由此导致大量的南方红豆杉被砍伐偷盗，加之该种群在天然林下竞争能力弱，生长周期长，更新能力弱，已有面临灭绝的风险。

种群现状：江西是南方红豆杉野生群落集中分布区域之一，各地山区均有分布，种群数量相对稳定。本种主要分布于罗霄山脉、九岭山脉、幕阜山脉、武夷山脉、怀玉山脉和诸广山脉，分布区内的南方红豆杉以零星生长为主，古树、大树居多，极少有群落。其中古树、大树一般分布于村庄周边，野外一般生长在山谷、溪边、林下。

价值与用途：优质用材，园林绿化观赏，药用。

国家重点保护野生植物	中国生物多样性红色名录（高等植物卷）	极小种群（狭域分布）保护物种
一级	近危（EN）	否

南方红豆杉 *Taxus wallichiana* var. *mairei*

黄豆杉 *Taxus wallichiana* f. *flaviarilla* L. H. Qiu & W. G. Zhang

红豆杉科 Taxaceae　红豆杉属 *Taxus*

形态特征： 乔木。树皮黄褐色，裂成条片脱落。叶排列成两列，条形，微弯或较直，长 1.6 ~ 2.5 cm，宽 2.5 ~ 3.8 mm；边缘反卷，先端急尖，上面深绿色，有光泽，下面淡黄绿色，有两条气孔带，中脉带上有密生均匀而微小的圆形角质乳头状突起点，与气孔带同色较浅。种子生于杯状黄色或橙黄色肉质的假种皮中，倒卵状，上部具 2 钝棱脊，先端有突起的短钝尖头，种脐近圆形或宽椭圆形。花期 3 ~ 5 月，种子 10 ~ 11 月成熟。

识别要点： 叶两列，条形，微弯或较直。种子外的肉质假种皮为黄色或橙黄色。

分布与生境： 产于江西乐安、德兴。生于山谷、溪边、林下。国内除江西外，亦分布于安徽、福建。

受威胁因素： 同红豆杉。黄豆杉分布区域更为狭窄，种群数量极其稀少，仅有零星分布。

种群现状： 目前江西境内黄豆杉已知分布点仅有两处，个体数量不超过 10 株。

价值与用途： 园林绿化观赏，药用。

国家重点保护野生植物	中国生物多样性红色名录（高等植物卷）	极小种群（狭域分布）保护物种
一级	数据缺乏（DD）	否

黄豆杉 *Taxus wallichiana* f. *flaviarilla*

榧树 *Torreya grandis* Fortune ex Lindl.

红豆杉科 Taxaceae　榧属 *Torreya*

形态特征：乔木。树皮不规则纵裂。叶条形，列成两列，通常直，长 1.1 ～ 2.5 cm，宽 2.5 ～ 3.5 mm，先端凸尖，上面光绿色，无隆起的中脉，下面淡绿色，气孔带常与中脉带等宽，绿色边带与气孔带等宽或稍宽。雄球花圆柱状，雄蕊多数。种子椭圆形、卵圆形、倒卵圆形或长椭圆形，长 2 ～ 4.5 cm，径 1.5 ～ 2.5 cm，熟时假种皮淡紫褐色，有白粉，顶端微凸，基部具宿存的苞片，胚乳微皱。花期 4 月，种子翌年 10 月成熟。

识别要点：叶条形，两列，通常直，叶背具宽气孔带。种子熟时假种皮淡紫褐色，有白粉。

分布与生境：产于江西濂溪、武宁、修水、浮梁、广丰、广信、玉山、铅山、婺源、宜丰、靖安、铜鼓、贵溪、黎川、资溪、石城等地。生于海拔 1300 m 以下的山地混交林中。国内除江西外，亦分布于江苏、浙江、安徽、福建、湖南、贵州等地。

受威胁因素：榧树为我国特有树种，种子可食用，为著名的干果，是一种极具开发价值的保健食品。本种多为栽培，野生种群稀少，加之人为的砍伐和采集，生境被破坏，自然更新能力弱，导致榧树野生种群数量日益稀少。

种群现状：江西地处中亚热带地区，是榧树集中分布区之一，但野生资源多遭破坏，保留较好的多在自然保护区内，以及交通不便或有食用榧子习惯的山区。目前江西以赣东北和赣西北地区为榧树的分布集中地，多以散生或局部斑块状分布在村庄周边，以大树、古树为多。

价值与用途：优良木材；种子为著名的干果，可入药，亦可榨食用油；园林绿化。

国家重点保护野生植物	中国生物多样性红色名录（高等植物卷）	极小种群（狭域分布）保护物种
二级	无危（LC）	否

榧树 *Torreya grandis*

长叶榧 *Torreya jackii* Chun

红豆杉科 Taxaceae　榧属 *Torreya*

形态特征：乔木或小乔木。树皮裂成不规则的薄片脱落，露出淡褐色的内皮；小枝平展或下垂。叶列成两列，质硬，条状披针形，上部多向上方微弯，镰状，长 3.5 ～ 9 cm，宽 3 ～ 4 mm，有短柄，上面光绿色，有两条浅槽及不明显的中脉，下面淡黄绿色，中脉微隆起，气孔带灰白色。种子倒卵圆形，肉质假种皮被白粉，长 2 ～ 3 cm，顶端有小凸尖，基部有宿存苞片，胚乳周围向内深皱。

识别要点：叶排列较稀疏，条状长披针形，下垂。肉质假种皮被白粉。

分布与生境：产于江西资溪。生于海拔 400 ～ 600 m 的湿润、凉爽的山谷或山势陡峻的杂木林中。国内除江西外，亦分布于浙江、福建。

受威胁因素：长叶榧为中国特有种，是第三纪孑遗种和古老的残存种，其分布区狭窄，生境要求苛刻，野生种群数量稀少，仅在中国东南部有分布。长叶榧种子成熟期长，种群天然更新能力较差。同时，各产地肆意樵采破坏，造成该物种的种群数量减少，生境被严重破坏，若不加保护，容易导致其灭绝。

种群现状：目前江西长叶榧仅分布于赣东北地区，数量稀少。20 世纪 80 年代，江西农业大学俞志雄教授在资溪县马头山采集到本种标本，属江西首次发现。本种少见大树，多为灌木状小苗。资溪县林业局大院内有引种栽培。

价值与用途：用材；种子可榨油，炒熟可食；树形美观，可作为园林观赏植物。

国家重点保护野生植物	中国生物多样性红色名录（高等植物卷）	极小种群（狭域分布）保护物种
二级	易危（VU）	否

长叶榧 *Torreya jackii*

资源冷杉 *Abies ziyuanensis* L. K. Fu & S. L. Mo

松科 *Pinaceae* 冷杉属 *Abies*

形态特征： 常绿乔木。树皮灰白色，片状开裂。冬芽圆锥形或锥状卵圆形。叶在小枝上面向外向上伸展或不规则两列，大小不一，下面的叶呈梳状，条形，长 2 ～ 4.8 cm，宽 3 ～ 3.5 mm，先端有凹裂，裂片尖刺状，基部不下延，上面深绿色，下面有两条粉白色气孔带，树脂道边生。球果圆柱状椭圆形，种鳞扇状四边形。花期 4 ～ 5 月，球果 10 月成熟。

识别要点： 叶大小不一，先端有凹裂，裂片尖刺状，下面有两条粉白色气孔带。

分布与生境： 产于江西遂川、井冈山。生于海拔 1700 ～ 2000 m 的中亚热带山上部山坡针阔混交林下，林内阴暗、潮湿，且郁闭度高。国内除江西外，亦分布于湖南、广西。

受威胁因素： 作为分布在中国南方低纬度地带的几种冷杉属孑遗植物之一，本种分布局限、种群数量稀少，受到第四纪冰期的影响，且冰期过后喜冷湿的冷杉，只能退缩到山体的高海拔处，形成现今的间断分布格局和特殊的生长环境。同时，资源冷杉挂果慢、结果少、种子中的种胚不发育，难以天然更新，其野生种群日渐衰退。

种群现状： 江西资源冷杉仅在罗霄山脉中断 3 处地方有分布，其中群落面积最大的分布在遂川县南风面，其次为井冈山市坪水山和大坝里。2022 年庐山植物园森林生态组前往井冈山调查了大坝里和南风面现有资源冷杉群落，其中大坝里仅有 1 株，生长状态较差，已开始退化；南风面国家级自然保护区内的资源冷杉种群个体数量相对于井冈山较多，与南方铁杉混生，两者林下幼苗不容易区分，调查只发现大树 5 株、幼树 2 株和小苗 1 株，与前人调查结果出入较大，有待进一步深入调查研究。

价值与用途： 优质用材；对研究中国南部植物区系的发生和演变，以及古气候、古地理，特别是第四纪冰期气候有一定科研意义。

国家重点保护野生植物	中国生物多样性红色名录（高等植物卷）	极小种群（狭域分布）保护物种
一级	濒危（EN）	是

资源冷杉 *Abies ziyuanensis*

大别山五针松 *Pinus dabeshanensis* C. Y. Cheng & Y. W. Law

松科 Pinaceae　松属 *Pinus*

形态特征：乔木。树皮棕褐色，浅裂成不规则的小方形薄片脱落；枝条开展，树冠尖塔形；冬芽淡黄褐色，近卵圆形，无树脂。针叶 5 针一束，长 5 ～ 14 cm，先端渐尖，边缘具细锯齿，背面无气孔线，仅腹面每侧有 2 ～ 4 条灰白色气孔线；横切面三角形。球果圆柱状椭圆形，长约 14 cm，梗长 0.7 ～ 1 cm；熟时种鳞张开；鳞盾淡黄色，先端圆钝，鳞脐不显著。种子淡褐色，倒卵状椭圆形；种皮较薄。球果翌年 9 月中上旬成熟。

识别要点：树皮浅裂成不规则的小方形薄片脱落。针叶 5 针一束。

分布与生境：产于江西武宁。生于海拔 1400 ～ 1500 m 的山顶和山坡针阔混交林中。国内除江西外，亦分布于安徽、河南、湖北。

受威胁因素：大别山五针松为中国特有种，分布区狭窄，仅在华中地区有分布。本种花粉萌发率低，种子萌发受种皮的限制，且存在生理休眠期，自然更新速度缓慢。同时，大别山五针松大部分散生于林中，种群间近交严重，在天然林下竞争能力弱，生长周期长，加之人为破坏，其种群数量日益减少。

种群现状：目前在江西，大别山五针松仅见于与湖北接壤的武宁县境内，数量极其稀少。2018 年开展武宁县第一次林木种质资源调查时，调查技术员在澧溪镇太平山区发现 1 株国家一级保护树种——大别山五针松。该树胸径 21 cm，高约 7 m，生长良好，为江西省内发现的唯一 1 株大别山五针松。本种与华山松 *Pinus armandii* Franch. 形似，容易错误鉴定，因此准确鉴定需要解剖球果、种子或观察针叶树脂道方可区别。

价值与用途：用材，园林观赏。

国家重点保护野生植物	中国生物多样性红色名录（高等植物卷）	极小种群（狭域分布）保护物种
一级	易危（VU）	是

大别山五针松 *Pinus dabeshanensis*

华南五针松 *Pinus kwangtungensis* Chun ex Tsiang

松科 Pinaceae　松属 *Pinus*

形态特征： 乔木。幼树树皮光滑，树皮褐色，裂成不规则的鳞状块片；冬芽茶褐色，微有树脂。针叶 5 针一束，长 3.5 ～ 7 cm，径 1 ～ 1.5 mm，先端尖，边缘有疏生细锯齿，仅腹面每侧有 4 ～ 5 条白色气孔线；横切面三角形；叶鞘早落。球果柱状矩圆形或圆柱状卵形，通常单生，熟时淡红褐色，梗长 0.7 ～ 2 cm；种鳞楔状倒卵形，鳞盾菱形，先端边缘较薄，微内曲或直伸；种子椭圆形或倒卵形。花期 4 ～ 5 月，球果第二年 10 月成熟。

识别要点： 树皮裂成不规则的鳞状块片。针叶 5 针一束，较短。

分布与生境： 产于江西寻乌、全南。生于海拔 700 ～ 1400 m 的山地、多岩石的山坡与山脊，喜气候温湿、雨量多及土层深厚、排水良好的酸性土壤，常与阔叶树及针叶树混生。国内除江西外，亦分布于湖南、广东、广西、海南、贵州等地。

受威胁因素： 华南五针松是我国五针松中分布最南的树种，该种分布范围很广，但居群数量极少，全国仅发现 20 多个居群，大部分为散生，很少有面积较大的群落。同时，该树种生长条件较为苛刻，喜温凉湿润的生境。华南五针松是制作盆景的优质材料，野外资源的盗采也日益严重。

种群现状： 江西寻乌是该种分布的东界，但是一直未见其标本和野外活体植株。20 世纪 50 年代，原江西大学林英教授在寻乌项山调查时发现了该种在山顶有分布，后写入了《江西植物志》；然而 70 多年以来，江西省内多名专家学者数次前往项山寻找，都未见到该种野生活株。该种另外一处分布地在全南县境内，仅见 1 株，生长在马尾松林下，疑为栽培。

价值与用途： 园林观赏。

国家重点保护野生植物	中国生物多样性红色名录（高等植物卷）	极小种群（狭域分布）保护物种
二级	近危（NT）	否

华南五针松 *Pinus kwangtungensis*

金钱松 *Pseudolarix amabilis* (J. Nelson) Rehder

松科 Pinaceae　金钱松属 *Pseudolarix*

形态特征：落叶乔木。树干通直，树皮粗糙，裂成不规则的鳞片状块片；有短枝，短枝有密集成环节状的叶枕。叶条形，柔软，镰状或直，长 2 ～ 5.5 cm，宽 1.5 ～ 4 mm；长枝之叶辐射伸展，短枝之叶簇状密生，平展成圆盘形，秋后叶呈金黄色。雄球花黄色，圆柱状；雌球花紫红色，直立，椭圆形。球果卵圆形或倒卵圆形，长 6 ～ 7.5 cm，径 4 ～ 5 cm；种子卵圆形，种翅三角状披针形。花期 4 月，球果 10 月成熟。

识别要点：落叶乔木。叶条形，在短枝上簇状密生，平展成圆盘形。

分布与生境：产于江西庐山。生于海拔 100 ～ 1100 m 的针叶树、阔叶树林中，喜温暖、多雨气候及土层深厚、肥沃、排水良好的酸性土壤。国内除江西外，亦分布于江苏、浙江、福建、湖北、湖南。

受威胁因素：金钱松为著名的古老残遗植物，中国特有树种。本种最早的化石发现于西伯利亚东部与西部的晚白垩世地层中。金钱松古新世至上新世在北半球分布很广，由于气候的变迁，尤其是更新世的大冰期的来临，使各地的金钱松灭绝，目前只在中国长江中下游少数地区幸存下来。金钱松分布零星，个体数量稀少，结实有明显的间歇性。

种群现状：目前江西仅在庐山有野生金钱松分布，其余各地均为栽培。最早在江西采集到的金钱松标本是蒋英（Y. Tsiang）于 1932 年在庐山黄龙寺附近采得的，因年代久远，很难确定该处金钱松是野生还是栽培。现今黄龙寺附近古树参天，生长环境已趋于野生状态，金钱松生长状态良好。

价值与用途：用材；种子可榨油；根皮可入药；深秋其叶色金黄，极具观赏性，是有名的彩叶观赏树种。

国家重点保护野生植物	中国生物多样性红色名录（高等植物卷）	极小种群（狭域分布）保护物种
二级	易危（VU）	否

金钱松 *Pseudolarix amabilis*

华东黄杉 *Pseudotsuga gaussenii* Flous

松科 Pinaceae　黄杉属 *Pseudotsuga*

形态特征：乔木。树皮深灰色，裂成不规则块片；冬芽卵圆形或卵状圆锥形，顶端尖，褐色。叶条形，排列成两列或在主枝上近辐射伸展，直或微弯，长 2 ～ 3 cm，宽约 2 mm，先端有凹缺，上面深绿色，有光泽，下面有两条白色气孔带。球果圆锥状卵圆形或卵圆形，基部宽，上部较窄，长 3.5 ～ 5.5 cm，径 2 ～ 3 cm，微有白粉；苞鳞上部向后反伸，中裂较长，窄三角形，侧裂三角状。种子三角状卵圆形，上面密生褐色毛。花期 4 ～ 5 月，球果 10 月成熟。

识别要点：叶条形，先端钝，并凹缺，叶背有两条白色气孔带。种子密生褐色毛。

分布与生境：产于江西玉山。生于海拔 1100 ～ 1650 m 的山上部针阔混交林内，喜温凉湿润。分布于浙江、安徽、江西三省毗邻地带的中亚热带地区。

受威胁因素：华东黄杉是中国特有裸子植物。本种分布区狭窄，种群数量极少，生长环境较为苛刻。由于人为长期对其采伐利用，加上华东黄杉种子可孕率极低，更新能力很弱，其野生资源日益减少。

种群现状：目前在江西，仅在三清山局部地区的常绿针阔混交林群落中，还保留着生长状态良好的华东黄杉原生群落，但大部分呈零星分布，仅局部地区形成优势群落。

价值与用途：珍贵的用材树种；为树木育种中难得的种质资源，可作为分布区的造林树种。

国家重点保护野生植物	中国生物多样性红色名录（高等植物卷）	极小种群（狭域分布）保护物种
二级	数据缺乏（DD）	否

华东黄杉 *Pseudotsuga gaussenii*

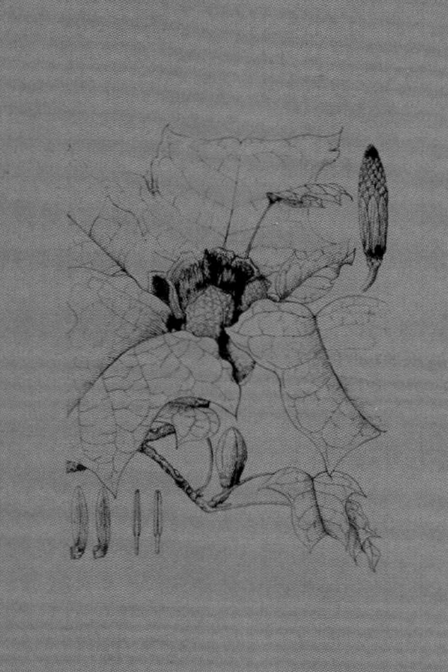

被子植物
Angiosperms

莼菜 *Brasenia schreberi* J. F. Gmel.

莼菜科 Cabombaceae 莼菜属 *Brasenia*

形态特征：多年生水生草本植物。根状茎具叶及匍匐枝，后者在节部生根，并生具叶枝条及其他匍匐枝。叶片浮水，椭圆状矩圆形，盾状着生，长 3.5 ～ 6 cm，宽 5 ～ 10 cm，下面蓝绿色，两面无毛，从叶脉处皱缩；叶柄长 25 ～ 40 cm，和花梗均有柔毛。花直径 1 ～ 2 cm，暗紫色；花梗长 6 ～ 10 cm；萼片及花瓣条形，长 1 ～ 1.5 cm，先端圆钝；花药条形，长约 4 mm；心皮条形，具微柔毛。坚果矩圆卵形，有 3 个或更多成熟心皮；种子 1 ～ 2 枚，卵形。花期 6 月，果期 10 ～ 11 月。

识别要点：叶片浮水，椭圆状矩圆形，盾状着生。花暗紫色。

分布与生境：产于江西新建、柴桑、武宁、庐山、贵溪、临川、金溪、兴国。生于温暖洁净的清水池塘、沼泽或湖泊中。国内除江西外，亦分布于江苏、浙江、安徽、湖北、湖南、四川、云南、台湾等地。

受威胁因素：莼菜分布广泛，除中国以外，在日本、印度、澳大利亚、美国、加拿大等均有分布，但野生种群数量少，病虫害多。随着人类活动范围的扩张和工业生产的进行，其生境日益缩减。同时，莼菜食用价值和药用价值高，自古以来就受到人们的追捧，现已极少见到野生种群。

种群现状：目前江西野生莼菜种群极少，种群面积较大的仅见 3 处，分别为兴国县有近 0.7 hm^2 野生莼菜；鹰潭龙虎山分布有 4 个池塘野生莼菜，面积达 1.73 hm^2；2021 年庐山植物园刘送平博士在金溪县考察时，亦发现了野生莼菜，该地种群个体数量较大，生于沼泽浅滩。

价值与用途：嫩叶可供食用，为珍贵蔬菜之一；可入药；可作为水生景观植物。

国家重点保护野生植物	中国生物多样性红色名录（高等植物卷）	极小种群（狭域分布）保护物种
二级	极危（CR）	否

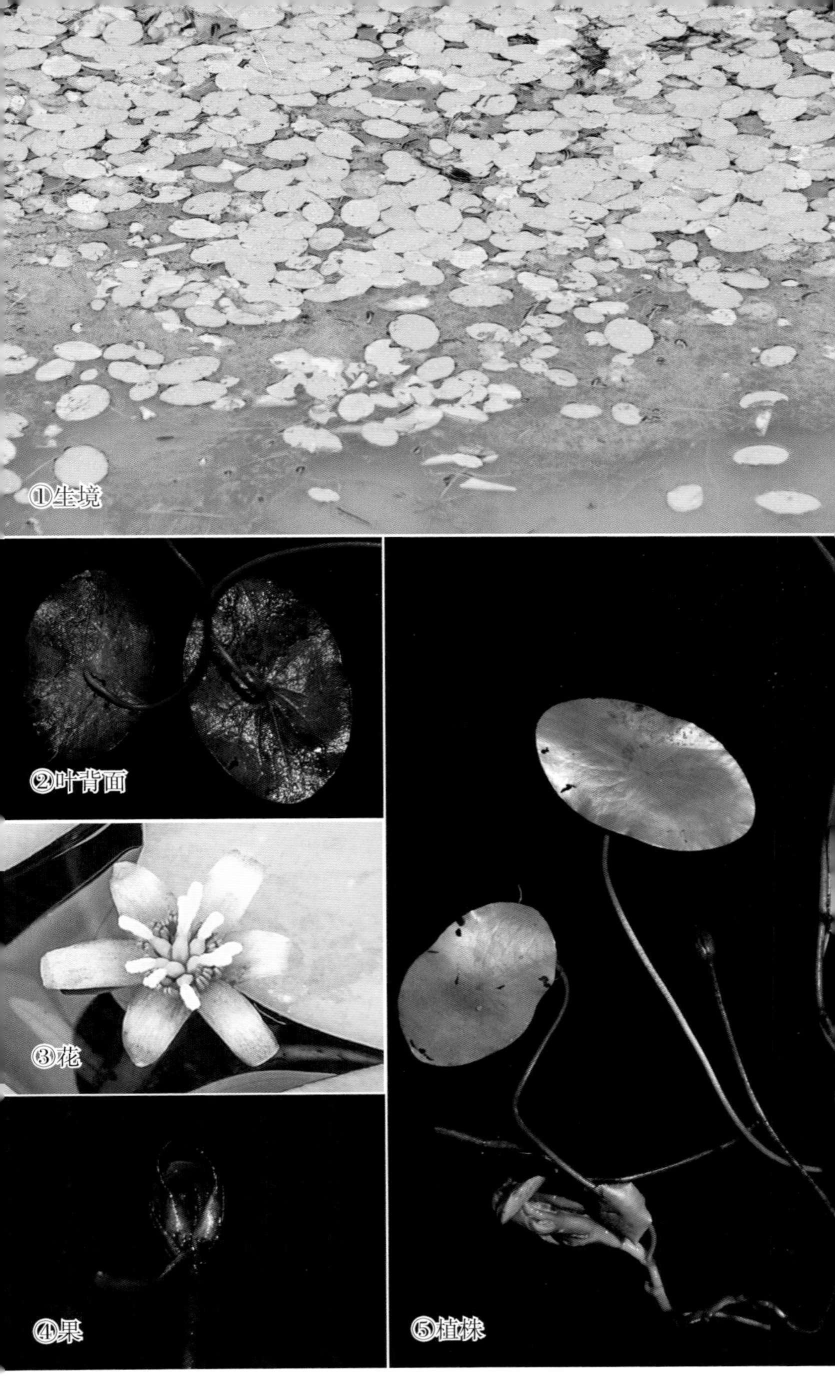

莼菜 *Brasenia schreberi*

金耳环 *Asarum insigne* Diels

马兜铃科 Aristolochiaceae　细辛属 *Asarum*

形态特征：多年生草本植物。根状茎粗短，根丛生，稍肉质，有浓烈的麻辣味。叶片长卵形、卵形或三角状卵形，长 10 ～ 15 cm，宽 6 ～ 11 cm，先端急尖或渐尖，基部耳状深裂，叶面中脉两旁有白色云斑，偶无，具疏生短毛；叶柄长 10 ～ 20 cm，有柔毛。花紫色，直径 3.5 ～ 5.5 cm，花梗长 2 ～ 9.5 cm；花被管钟状，中部以上扩展成一环突，然后缢缩，喉孔窄三角形，无膜环，花被裂片宽卵形至肾状卵形，中部至基部有一半圆形垫状斑块，白色。花期 3 ～ 4 月。

识别要点：草本植物。花被裂皮宽卵形至肾状卵形，中部具白色斑块。

分布与生境：产于江西宜丰、崇义、龙南。生于海拔 450 ～ 700 m 的林下阴湿地或土石山坡上。国内除江西外，亦分布于广东、广西。

受威胁因素：金耳环分布范围狭窄，集中分布于南岭山脉中段，广东北部、江西南部与广东毗邻地带，以及广西东北部。金耳环药用价值高，全草具有祛风散寒、消肿止痛、祛痰的功效，用于治疗风寒感冒、咳嗽痰多、胃痛、牙痛、毒蛇咬伤、跌打肿痛等，其野生资源也因此被大量采挖破坏，野生种群数量急剧下降。

种群现状：目前在江西，金耳环主要分布在赣南地区，种群数量极少。因其药用价值高，又极具观赏价值，野生资源已被采挖殆尽，偶见于深山密林、山谷之中。

价值与用途：植株具有较高的药用价值，并可作为林下耐阴地被观赏植物。

国家重点保护野生植物	中国生物多样性红色名录（高等植物卷）	极小种群（狭域分布）保护物种
二级	易危（VU）	否

金耳环 *Asarum insigne*

马蹄香 *Saruma henryi* Oliv.

马兜铃科 Aristolochiaceae　马蹄香属 *Saruma*

形态特征：多年生直立草本植物。茎高 50 ～ 80 cm，被灰棕色短柔毛。叶心形，长 6 ～ 15 cm，顶端短渐尖，基部心形，两面和边缘均被柔毛；叶柄长 3 ～ 12 cm，被毛。花单生，花梗长 2 ～ 5.5 cm，被毛；萼片心形；花瓣黄色，肾心形，基部耳状心形，有爪；雄蕊与花柱近等高，花丝长约 2 mm；心皮大部分离生，花柱不明显，柱头细小，胚珠多数。蒴果蓇葖状，长约 9 mm，成熟时沿腹缝线开裂。种子三角状倒锥形，长约 3 mm，背面有细密横纹。花期 4 ～ 7 月。

识别要点：草本植物。叶心形，两面被毛。花单生，花瓣黄色。

分布与生境：产于江西玉山、芦溪、安福。生于海拔 700 ～ 1200 m 的山谷林下或沟边草丛中。国内除江西外，亦分布于湖北、重庆、四川、贵州、陕西、甘肃。

受威胁因素：马蹄香为中国特有单种属植物，种群数量稀少，但其分布范围较广。民间多将干燥的马蹄香全草入药，目前尚未人工栽培。因其独特的药用价值受到了广泛关注，野生资源也随之被大量采挖破坏，种群数量急剧下降。

种群现状：目前在江西，马蹄香主要分布在赣东北地区，种群数量极少。因其药用价值高，野生资源已被采挖殆尽，偶见于深山密林、山谷之中。

价值与用途：植株可入药，并可作为林下耐阴地被观赏植物。

国家重点保护野生植物	中国生物多样性红色名录（高等植物卷）	极小种群（狭域分布）保护物种
二级	濒危（EN）	否

马蹄香 *Saruma henryi*

厚朴（凹叶厚朴）*Houpoea officinalis* (Rehder & E. H. Wilson) N. H. Xia & C. Y. Wu

木兰科 Magnoliaceae　**厚朴属** *Houpoea*

形态特征：落叶乔木。树皮厚，褐色，不开裂；顶芽大，狭卵状圆锥形，无毛。叶大，近革质，7 ～ 9 片聚生于枝端，长圆状倒卵形，长 22 ～ 45 cm，宽 10 ～ 24 cm，先端具短急尖、圆钝或凹缺，基部楔形，全缘而微波状，上面无毛，下面被灰色柔毛，有白粉；叶柄粗壮，长 2.5 ～ 4 cm；托叶痕长为叶柄的 2/3。花白色，偶见红色；花梗粗短，被长柔毛，花被片 9 ～ 12；雄蕊多数；雌蕊群椭圆状卵圆形。聚合果长圆状卵圆形。花期 5 ～ 6 月，果期 8 ～ 10 月。

识别要点：顶芽大。叶大，聚生枝端，长圆状倒卵形。叶柄粗壮，有托叶痕。花顶生。

分布与生境：产于江西庐山、武宁、修水、玉山、铅山、婺源、袁州、靖安、宜丰、贵溪、芦溪、井冈山、安福、遂川。生于海拔 300 ～ 1300 m 的林中。分布于华东、华南、西南等地。

受威胁因素：厚朴分布区域较广，但个体数量少，大部分零星或孤立生长于林下，对生长环境要求较高。同时，伴随森林面积的缩减和大量厚朴被剥取树皮药用，导致其种群数量日渐减少，成年野生植株已极少见。

种群现状：厚朴江西省内野生分布数量极少，大部分为栽培。其野生资源主要分布在罗霄山脉、武夷山脉、九岭山和幕阜山脉，零星或散生于落叶阔叶林下，个体数量少，难以形成群落，大树少见。其中以庐山地区野生厚朴个体数量最多。

价值与用途：用材；树皮入药；花芽、种子亦供药用；叶和花具有较高观赏性，可用于绿化或作为庭院栽培树种。

国家重点保护野生植物	中国生物多样性红色名录（高等植物卷）	极小种群（狭域分布）保护物种
二级	无危（LC）	否

厚朴（凹叶厚朴）*Houpoea officinalis*

鹅掌楸 *Liriodendron chinense* (Hemsl.) Sarg.

木兰科 Magnoliaceae　鹅掌楸属 *Liriodendron*

形态特征：乔木。小枝灰色或灰褐色。叶马褂状，长 4 ～ 18 cm，近基部每边具 1 侧裂片，先端具 2 浅裂，下面苍白色，叶柄长 4 ～ 10 cm。花杯状。花被片 9 片，外轮 3 片，绿色，萼片状，向外弯垂；内两轮 6 片，直立，花瓣状，倒卵形，长 3 ～ 4 cm，绿色，具黄色纵条纹。花药长 10 ～ 16 mm，花丝长 5 ～ 6 mm，花期时雌蕊群超出花被之上。聚合果长 7 ～ 9 cm，具翅的小坚果长约 6 mm，顶端钝或钝尖，具种子 1 ～ 2 枚。花期 5 月，果期 9 ～ 10 月。

识别要点：叶马褂状，叶柄长 4 ～ 10 cm。花顶生，黄绿色。

分布与生境：产于江西庐山、靖安、德兴、横峰、铅山、婺源、乐安、金溪、浮梁。生于海拔 400 ～ 1750 m 的山地林中。分布于华东、华中、西南等地。模式标本采自江西庐山。

受威胁因素：鹅掌楸分布较广，野生种群数量稀少，大部分为散生或孤生，极少形成群落。本种野外自我更新能力弱，加之屡遭滥伐，在其主要分布区内的数量日益减少。同时，鹅掌楸是异花授粉类型，有孤雌生殖现象，雌蕊往往在含苞欲放时已经成熟，开花时，柱头已枯黄，失去受粉能力。在未受精的情况下，雌蕊虽能继续发育，但种子生命力弱，发芽率低。

种群现状：在江西，鹅掌楸野生种群数量极其稀少，主要集中分布于赣东北地区。鹅掌楸在庐山主要生于海拔 900 ～ 1300 m 的山谷、山坡、林中，散生，生长状况较好；在赣东北主要分布于武夷山、铜钹山和婺源大鄣山，个体数量较少，多散生。

价值与用途：用材；叶和树皮可入药；树形、叶和花极具观赏价值，是珍贵的行道树和庭园观赏树种。另外，鹅掌楸为古老的孑遗植物，对古植物学系统学、植物区系地理学有重要科研价值。

国家重点保护野生植物	中国生物多样性红色名录（高等植物卷）	极小种群（狭域分布）保护物种
二级	无危（LC）	否

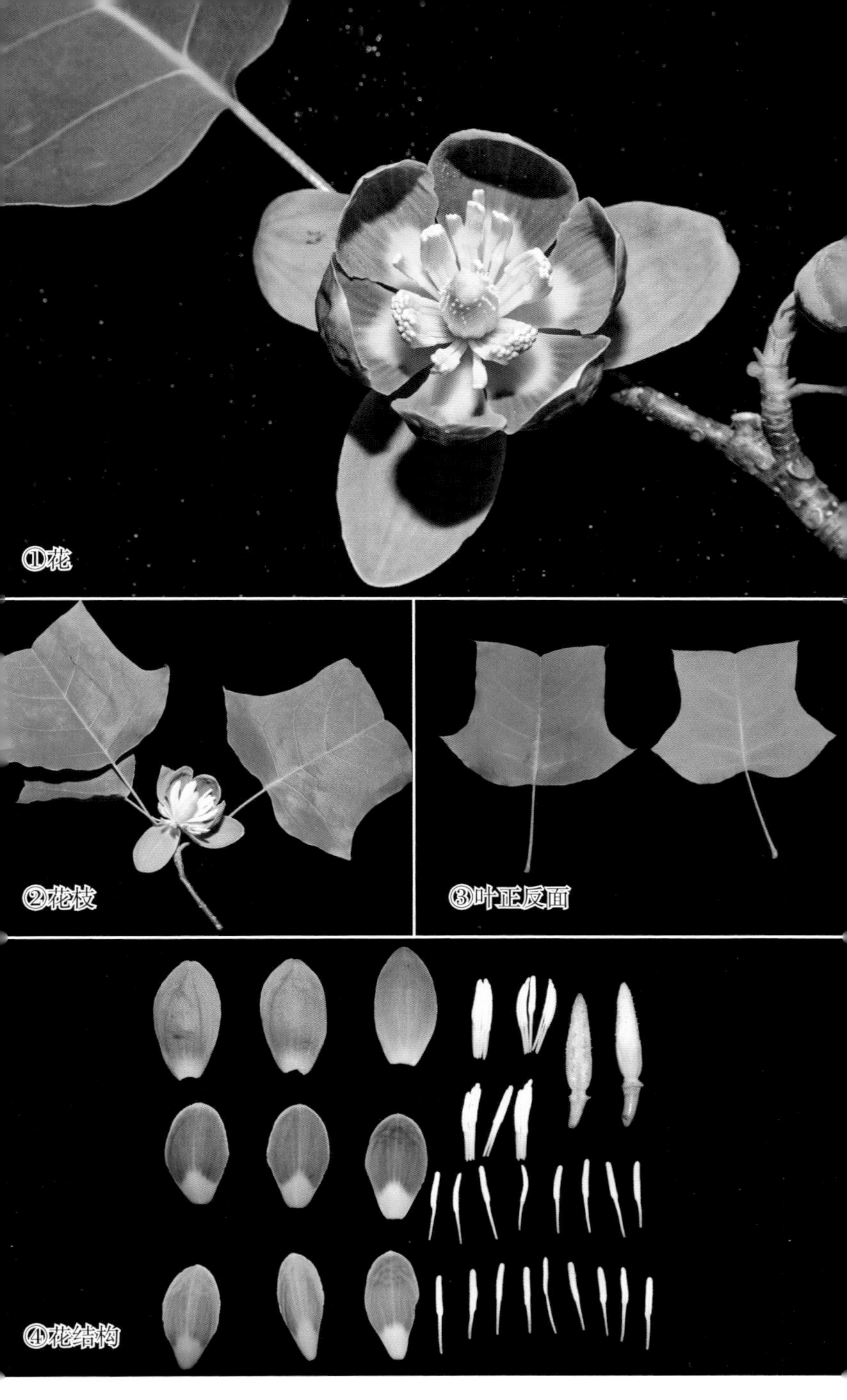

鹅掌楸 *Liriodendron chinense*

落叶木莲 *Manglietia decidua* Q. Y. Zheng

木兰科 Magnoliaceae　木莲属 *Manglietia*

形态特征：落叶乔木，高可达 30 m。树干通直；树皮灰白色，具规则的裂纹；树冠宽卵形，枝条开展；小枝灰褐色，无毛，散生苍白色皮孔。单叶互生，叶近纸质，多集生于近枝端；叶片椭圆形、长椭圆形或倒卵形，长 14 ～ 20 cm，宽 3.7 ～ 7 cm，先端钝短尖，基部楔形，全缘。花单生枝顶，花被片通常 15 ～ 16 枚，淡黄色，螺旋状排列成 5 轮，花瓣披针形或条形。聚合蓇葖果卵形或近球形。花期 4 月，果成熟期 9 ～ 10 月。

识别要点：落叶乔木，叶近纸质，花黄色，蓇葖果近球形。

分布与生境：产于江西袁州、分宜。生于海拔 500 ～ 1000 m 的山谷、山坡混交林中。国内除江西外，湖南也有产。模式标本产自江西宜春。

受威胁因素：落叶木莲为中国特有种，仅分布在江西明月山和湖南永顺，是木莲属唯一的落叶树种。该物种野生种群数量稀少，遗传多样性水平较低，天然林下繁衍能力远低于其他物种，自身竞争能力弱，对环境的适应性差。由于人为活动的干扰和分布地容易遭受毛竹入侵，导致其种群数量进一步下降。同时，落叶木莲喜光喜肥，同一生境物种之间竞争激烈，表现出不稳定的次生过渡性。

种群现状：落叶木莲 1988 年被发现，当时仅有两棵，根据这两棵树所采集到的标本命名为落叶木莲（华木莲）。近年来，在模式产地宜春市袁州区洪江镇周边山上和邻县分宜也发现有两三处较大的落叶木莲群落。

价值与用途：对研究木兰科的系统演化有着极其重要的作用，且花具有较高的观赏价值。

国家重点保护野生植物	中国生物多样性红色名录（高等植物卷）	极小种群（狭域分布）保护物种
二级	易危（VU）	是

落叶木莲 *Manglietia decidua*

宝华玉兰 *Yulania zenii* (W. C. Cheng) D. L. Fu

木兰科 Magnoliaceae　**玉兰属** *Yulania*

形态特征：落叶乔木。嫩枝绿色，无毛，老枝紫色，疏生皮孔；芽狭卵形，顶端稍弯，被长绢毛。叶膜质，倒卵状长圆形或长圆形，长 7 ～ 16 cm，宽 3 ～ 7 cm，先端宽圆具渐尖头，基部阔楔形或圆钝，上面无毛，下面中脉及侧脉有长弯曲毛，侧脉每边 8 ～ 10 条；叶柄长 0.6 ～ 1.8 cm。花先叶开放；花被片 9 片，近匙形，白色，背面中部以下淡紫红色，上部白色。聚合果圆柱形，长 5 ～ 7 cm；成熟蓇葖近圆形。花期 3 ～ 4 月，果期 8 ～ 9 月。

识别要点：叶倒卵状长圆形或长圆形，花被片近匙形，背面中部以下淡紫红色。

分布与生境：产于江西瑞昌。生于海拔 220 ～ 300 m 的丘陵山地和村旁风水林中。国内除江西外，亦分布于江苏。

受威胁因素：宝华木兰分布区域狭小，目前仅见于模式标本产地江苏宝华山和江西瑞昌，数量稀少。江苏宝华山仅残留 38 株，散生于稀疏的阔叶林中和庙宇旁，最大者高 11 m、胸径 45 cm，由于林下灌木层不断被破坏，未见更新苗木。江西瑞昌目前仅见少数个体，散生于村旁，少见幼苗，自我更新能力弱，人为采伐严重。

种群现状：宝华玉兰在江西仅分布于瑞昌，数量极其稀少。由于该种盛花期时远看近似白玉兰 *Yulania denudata* (Desr.) D. L. Fu，容易被忽略。1995 年，九江森林植物标本馆谭策铭先生在瑞昌首次采集到该种腊叶标本，但只发现 1 株，在居民房屋旁边，疑似栽培。近年来，谭策铭先生和瑞昌市林业局徐小龙先生先后在瑞昌市其他乡镇寻找，亦有所发现。

价值与用途：树干挺拔；花大而艳丽，具芳香，是珍贵的园林观赏树种。

国家重点保护野生植物	中国生物多样性红色名录（高等植物卷）	极小种群（狭域分布）保护物种
二级	极危（CR）	是

宝华玉兰 *Yulania zenii*

闽楠 *Phoebe bournei* (Hemsl.) Yen C. Yang

樟科 Lauraceae　**楠属** *Phoebe*

形态特征：大乔木。树干通直，分枝少；老的树皮灰白色，新的树皮带黄褐色。小枝有毛或近无毛。叶革质或厚革质，披针形或倒披针形，长 7 ～ 13 cm，宽 2 ～ 3 cm，上面发亮，下面有短柔毛，脉上被伸展长柔毛，有时具缘毛；叶柄长 0.5 ～ 1.5 cm。圆锥花序生于新枝中下部叶腋，紧缩不开展，被毛。果椭圆形或长圆形，长 1.1 ～ 1.5 cm；宿存花被片被毛，紧贴。花期 4 月，果期 10 ～ 11 月。

识别要点：叶披针形或倒披针形。叶背有毛。果椭圆形或长圆形，宿存花被紧贴果实。

分布与生境：产于江西修水、永修、乐平、浮梁、德兴、玉山、袁州、丰城、樟树、高安、奉新、万载、宜丰、靖安、贵溪、临川、南城、南丰、乐安、宜黄、资溪、广昌、渝水、分宜、湘东、莲花、井冈山、吉安、吉水、永丰、泰和、遂川、万安、安福、永新、赣县、瑞金、龙南、大余、上犹、崇义、安远、定南、全南、宁都、兴国、会昌、寻乌、石城。生于海拔 1400 m 以下的山地沟谷常绿阔叶林中。国内除江西外，亦分布于浙江、福建、湖北、广东、广西、海南、贵州。

受威胁因素：闽楠是珍贵的优质用材树种。本种分布很广，但因生长缓慢，砍伐严重，现存种群数量急剧减少，野生资源日渐枯竭。

种群现状：闽楠在江西分布很广，种群个体数量较多，保护较好，主要为大树、古树，零星或者片状分布于村庄周边和风水林中。

价值与用途：优质用材，造林，园林绿化。

国家重点保护野生植物	中国生物多样性红色名录（高等植物卷）	极小种群（狭域分布）保护物种
二级	易危（VU）	否

闽楠 *Phoebe bournei*

浙江楠 *Phoebe chekiangensis* C. B. Shang

樟科 Lauraceae　楠属 *Phoebe*

形态特征：大乔木。树皮淡褐黄色，薄片状脱落，具明显的褐色皮孔。小枝有棱，密被黄褐色或灰黑色柔毛或茸毛。叶革质，倒卵状椭圆形或倒卵状披针形，少为披针形，长 7 ～ 17 cm，宽 3 ～ 7 cm，通常长 8 ～ 13 cm，宽 3.5 ～ 5 cm，上面初时有毛，后变无毛或完全无毛，下面被灰褐色柔毛，脉上被长柔毛；叶柄长 1 ～ 1.5 cm，密被黄褐色茸毛或柔毛。圆锥花序密被黄褐色茸毛。果椭圆状卵形，长 1.2～1.5 cm；宿存花被片革质，紧贴。花期 4～5 月，果期 9 ～ 10 月。

识别要点：叶倒卵状椭圆形或倒卵状披针形，叶背被灰褐色柔毛，叶柄具黄褐色茸毛或柔毛。

分布与生境：产于江西浮梁、广丰、德兴、铅山、婺源、贵溪、黎川、金溪、资溪、广昌、永丰、石城。生于海拔 1000 m 以下的丘陵低山沟谷地、山坡阔叶林中或村旁风水林中。国内除江西外，也产于浙江、福建等地。

受威胁因素：浙江楠受威胁因素与闽楠相同，都是珍贵的优质用材，因砍伐严重，导致其野生种群数量急剧减少。同时，楠属植物生长缓慢，市场供求关系紧张，偷盗严重，野生资源日渐枯竭。

种群现状：浙江楠在江西主要分布于赣东北和赣东南地区，分布点相对较多，但种群个体数量较少，大部分为散生分布，仅在位于石城县的赣江源国家级自然保护区和永丰县两处有较大面积的群落。永丰县浙江楠群落面积达 2500 m^2，数量 170 余株，其中幼株 150 多株，成年大树 19 株，最大胸径为 68 cm、高 15.5 m，自然更新能力较强。由于该群落处于村庄周边，有部分区域被当地居民开垦为菜地，亟须建立保护小区。

价值与用途：为世界著名的珍贵用材树种，树干通直，制成的木材坚硬致密、不翘不裂、不易腐朽、削面光滑美观、芳香而有光泽。

国家重点保护野生植物	中国生物多样性红色名录（高等植物卷）	极小种群（狭域分布）保护物种
二级	易危（VU）	否

浙江楠 *Phoebe chekiangensis*

长喙毛茛泽泻 *Ranalisma rostrata* Stapf

泽泻科 Alismataceae　毛茛泽泻属 *Ranalisma*

形态特征：多年生沼生或水生草本植物。根茎匍匐。叶基生，多数，幼时沉水，老时浮水或挺水。叶薄纸质，沉水叶线形或披针形，长 3 ～ 7 cm；浮水叶或挺水叶卵形或卵状椭圆形，长 3 ～ 4.5 cm，先端钝尖，基部浅心形，全缘。叶柄长 12 ～ 22 cm，基部鞘状。花 1 ～ 3 朵着生总花梗顶部，总花梗长 10 ～ 20 cm 或更长；苞片 2 枚，长约 7 mm；外轮花被片 3 枚。瘦果侧扁，近倒三角形，长 3 ～ 5 cm，顶端具长喙状宿存花柱。

识别要点：叶基生，沉水叶线形或披针形，浮水叶或挺水叶卵形或卵状椭圆形。瘦果顶端具长喙状宿存花柱。

分布与生境：产于江西修水云居山。生于池塘或水沟边。国内除江西外，亦分布于浙江、湖南。

受威胁因素：长喙毛茛泽泻分布范围较狭窄，全国仅 3 处有产。本种野生种群数量稀少，人为干扰严重，生境退化且丧失速度日益加快。

种群现状：目前，江西长喙毛茛泽泻资源状况缺乏数据。仅见文献记载修水云居山地区有分布，未见腊叶标本。

价值与用途：观赏，药用。

国家重点保护野生植物	中国生物多样性红色名录（高等植物卷）	极小种群（狭域分布）保护物种
二级	濒危（EN）	否

①植株
②果实
③叶正面
④生境

龙舌草 *Ottelia alismoides* (L.) Pers.

水鳖科 Hydrocharitaceae　**水车前属** *Ottelia*

形态特征：沉水草本植物。具须根。茎短缩。叶基生，膜质；在植株个体发育的不同阶段，叶片因生境条件的不同而形态各异，叶形常依次变更：初生叶线形，后出现披针形、椭圆形、广卵形等叶；叶柄长短随水体的深浅而异，多在 2 ～ 40 cm。两性花；花无梗，单生；花基部具佛焰苞，且边缘有纵翅；花瓣白色，淡紫色或浅蓝色。果长 2 ～ 5 cm，宽 0.8 ～ 1.8 cm。种子多数，纺锤形，细小。花期 4 ～ 10 月。

识别要点：沉水草本植物。叶形态变化各异。花基部具佛焰苞，且边缘有纵翅。

分布与生境：产于江西新建、进贤、修水、都昌、彭泽、永修、广信、袁州、靖安、井冈山、安福、瑞金、大余、崇义、全南。生于海拔 700 m 以下的湖泊、沟渠、水塘、水田以及积水洼地。国内除江西外，亦分布于河北、辽宁、黑龙江、江苏、浙江、安徽、福建、河南、湖北、湖南、广东、广西、海南、四川、贵州、云南、台湾。

受威胁因素：龙舌草虽然分布很广，但其对水质要求较高。随着工业的发展和生活污水的排放，加剧了水体污染；同时，龙舌草食用价值高，野生资源遭到采挖，造成龙舌草的野外种群数量急剧下降。

种群现状：龙舌草在江西南北均有分布，但分布点不多，种群数量较少。本种在水质较好的小溪、河流、湖泊等水体中才有，水田周边偶见，种群个体数量较少，很少形成较大面积的群落。

价值与用途：全株可作蔬菜、饵料、饲料、绿肥及药用等，亦可作观赏水箱植物。

国家重点保护野生植物	中国生物多样性红色名录（高等植物卷）	极小种群（狭域分布）保护物种
二级	易危（VU）	否

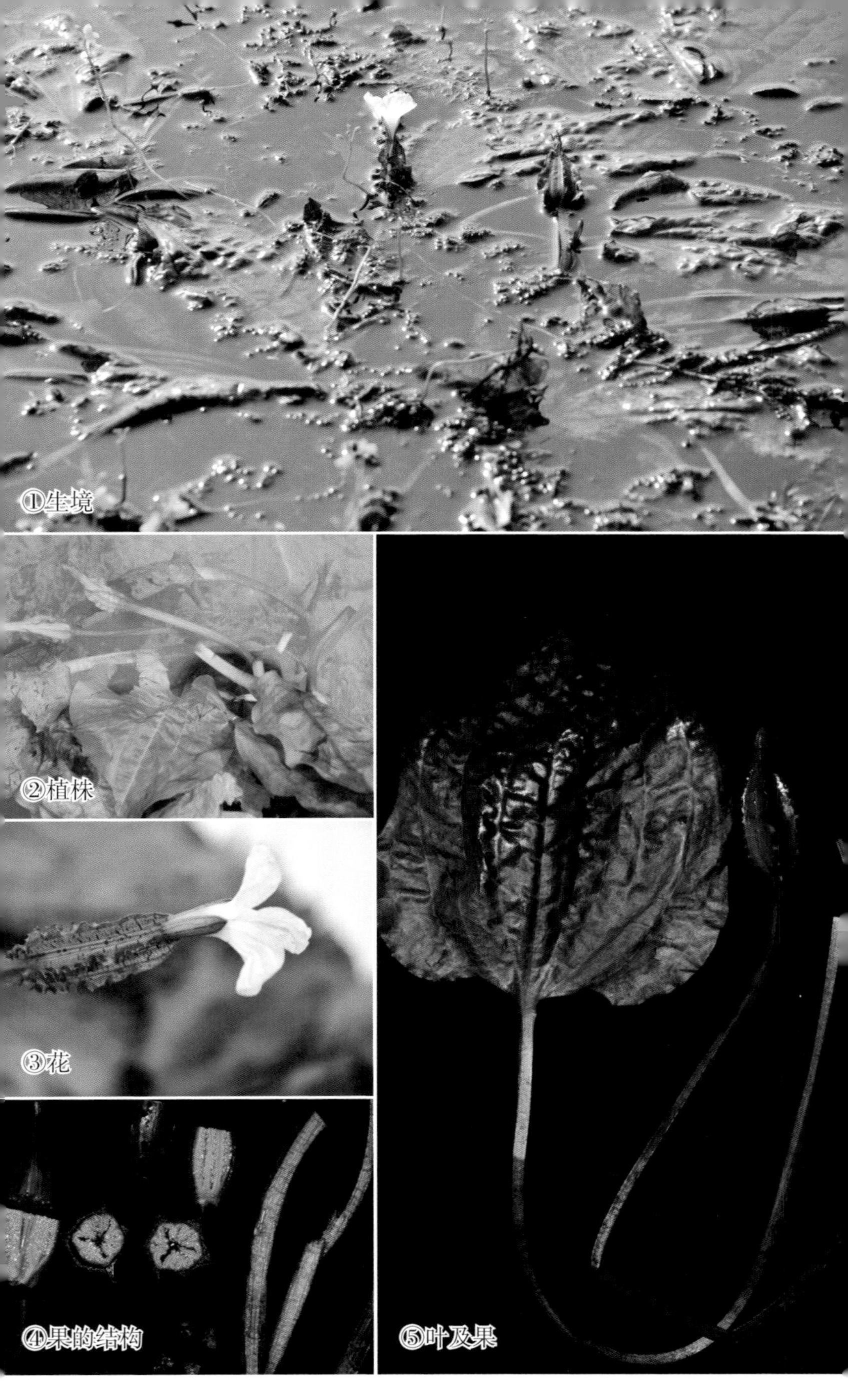

龙舌草 *Ottelia alismoides*

金线重楼 *Paris delavayi* Franch.

藜芦科 Melanthiaceae　重楼属 *Paris*

形态特征：植株高 0.5 ～ 1.5 m。叶 6 ～ 8 枚轮生；叶片披针形或线状长圆形，长 6 ～ 15 cm，宽 2 ～ 4 cm；叶柄 0.8 ～ 1.5 cm。外轮花被片 4 ～ 5 枚；内轮花被片通常深紫色，丝状线形，短于外轮。通常雄蕊 8 或 10 枚，花丝长 2 ～ 4 mm，花药长 0.6 ～ 1.8 cm，药隔部分紫色。子房绿色或上部为紫色，圆锥状卵球形。花柱长 3 ～ 5 mm，柱头裂片 4 ～ 6。成熟时蒴果绿色，圆锥状卵球形。种子包围着红色肉质的假种皮。花期 4 ～ 5 月，果期 9 ～ 10 月。

识别要点：内轮花被片深紫色，反折，短于外轮花被片。药隔部分紫色。

分布与生境：产于江西庐山。生于海拔 900 ～ 1100 m 的林下、竹林或灌丛中。国内除江西外，亦分布于湖北、湖南、四川、贵州、云南等地。

受威胁因素：因药用价值高、市场需求大、价格昂贵，野生重楼属植物盗采严重。目前该属植物种植技术要求较高。加之野生苗生长缓慢，种子萌发困难，加剧了野生重楼属植物种群数量的减少。

种群现状：金线重楼在江西仅见于庐山，主要生长在开阔的林下且腐殖质较厚处，数量极其稀少。目前庐山黄龙潭景区有发现金线重楼，但该地容易受到居民和游客干扰破坏。

价值与用途：重楼属植物的根状茎可供药用，对毒蛇咬伤、跌打损伤以及无名肿毒有特效，属名贵药材，是生产云南白药的重要原材料之一；观赏。

国家重点保护野生植物	中国生物多样性红色名录（高等植物卷）	极小种群（狭域分布）保护物种
二级	易危（VU）	否

金线重楼 *Paris delavayi*

球药隔重楼 *Paris fargesii* Franch.

藜芦科 Melanthiaceae　重楼属 *Paris*

形态特征：植株高 50 ～ 100 cm。根状茎直径 1 ～ 2 cm。叶 4 ～ 6 枚，宽卵圆形，长 9 ～ 20 cm，宽 4.5 ～ 14cm，先端短尖，基部略呈心形；叶柄长 2 ～ 4 cm。花梗长 20 ～ 40 cm。外轮花被片通常 5 枚，极少 3 枚，卵状披针形，先端具长尾尖，基部变狭成短柄；内轮花被片通常长 1 ～ 1.5 cm，极少 3 ～ 4.5 cm。雄蕊 8 枚；花丝长 1 ～ 2 mm；花药短条形，稍长于花丝；药隔突出部分圆头状，肉质，长约 1 mm，呈紫褐色。花期 5 月。

识别要点：叶 4 ～ 6 枚。雄蕊 8 枚，花丝短，药隔突出部分圆头状。

分布与生境：产于江西芦溪、井冈山、安福、上犹。生于海拔 580 ～ 1370 m 的林下、林缘或阴湿的灌丛中。国内除江西外，亦分布于湖北、湖南、广东、广西、四川、贵州、云南等地。

受威胁因素：同金线重楼。

种群现状：球药隔重楼在江西分布于罗霄山脉中段，多生于林下、灌丛中，分布零散，数量稀少，仅见标本记载。

价值与用途：同金线重楼。

国家重点保护野生植物	中国生物多样性红色名录（高等植物卷）	极小种群（狭域分布）保护物种
二级	易危（VU）	否

球药隔重楼 *Paris fargesii*

具柄重楼 *Paris fargesii* var. *petiolata* (Baker ex C. H. Wright) F. T. Wang & Tang

藜芦科 Melanthiaceae　**重楼属** *Paris*

形态特征：植株高 50 ～ 100 cm。根状茎直径 1 ～ 2 cm。叶 4 ～ 6 枚，宽卵形，长 9 ～ 20 cm，宽 4.5 ～ 14 cm，先端短尖，基部近圆形，极少为心形；叶柄长 2 ～ 4 cm。花梗长 20 ～ 40 cm；外轮花被片通常 5 枚，极少 3 枚，卵状披针形，先端具长尾尖，基部变狭成短柄；内轮花被片通常长 4.5 ～ 5.5 cm；雄蕊 12 枚，长 1.2 cm；花药短条形；药隔突出部分为小尖头状，长 1 ～ 2 mm。花期 6 月。

识别要点：叶 4 ～ 6 枚，宽卵形，基部近圆形或心形。雄蕊药隔突出部分为小尖头状，长 1 ～ 2 mm。

分布与生境：产于江西庐山、井冈山、安福、遂川。生于海拔 800 ～ 1100 m 的林下阴处。国内除江西外，亦分布于湖北、湖南、广东、广西、重庆、四川、贵州、云南等地。

受威胁因素：同金线重楼。

种群现状：具柄重楼在江西野生资源极其稀少，相比于华重楼，野外很难见到其踪迹。目前已知江西的分布点仅有 4 个，多为早期腊叶标本记录。

价值与用途：同金线重楼。

国家重点保护野生植物	中国生物多样性红色名录（高等植物卷）	极小种群（狭域分布）保护物种
二级	濒危（EN）	否

具柄重楼 *Paris fargesii* var. *petiolata*

亮叶重楼 *Paris nitida* G. W. Hu, Z. Wang & Q. F. Wang

藜芦科 Melanthiaceae　**重楼属** *Paris*

形态特征：多年生草本植物。根状茎肉质，圆柱形。茎单生，圆筒状，绿色或紫红色，高 25 ～ 45 cm。叶在茎顶部轮生，4 ～ 5 片；叶柄长 3 ～ 8 cm；叶片椭圆形，长 5.5 ～ 7.5 cm，宽 1.9 ～ 2.5 cm，绿色，有光泽，厚膜质到近革质，先端渐尖，基部楔形或近圆形；具三脉，中脉明显，网脉不明显。花单生于顶部；花梗长 2 ～ 6 cm；萼片 4 ～ 5 枚，通常与叶数相同；花瓣 4 ～ 5 枚，丝状，长 1.2 ～ 1.8 cm，短于萼片长度的一半，宿存；雄蕊 4 ～ 10 枚。蒴果球状，具 4 ～ 5 条纵向脊。种子多数，卵球形，白色，完全被红色肉质多汁的假种皮包围。

识别要点：叶 4 ～ 5 片轮生；叶面具光泽，近革质，三脉，中脉明显，网脉不明显；花瓣短于萼片长度的一半。

分布与生境：产于江西庐山、武宁、靖安。生于海拔 600 ～ 1100 m 的亚热带常绿阔叶林或针阔混交林下。国内除江西外，亦分布于湖北、湖南、贵州。

受威胁因素：同金线重楼。

种群现状：亮叶重楼是 2017 年由中国科学院武汉植物园胡光万研究员发现的新种，目前江西仅在赣西北部的九岭山、幕阜山脉和庐山地区有分布，种群数量稀少。2020 年靖安县林业局朱宗威工程师在九岭山常绿阔叶林下拍摄到了该种，属江西首次报道。另一处在武宁石门，生于海拔 1150 m 的山谷河边林下。2022 年庐山植物园标本馆团队在庐山柳杉林下采集标本时，也发现了该种，种群个体数量在 30 株左右，生长状况良好。

价值与用途：同金线重楼。

国家重点保护野生植物	中国生物多样性红色名录（高等植物卷）	极小种群（狭域分布）保护物种
二级	数据缺乏（DD）	否

亮叶重楼 *Paris nitida*

华重楼 *Paris polyphylla* var. *chinensis* (Franch.) Hara

藜芦科 Melanthiaceae　重楼属 *Paris*

形态特征： 叶 5 ～ 8 枚，通常 7 枚，轮生，倒卵状披针形、矩圆状披针形或倒披针形，基部通常楔形。内轮花被片狭条形，通常中部以上变宽，宽 1 ～ 1.5 mm，长 1.5 ～ 3.5 cm，长为外轮花被片的 1/3 至近等长或稍超过。雄蕊 8 ～ 10 枚；花药长 1.2 ～ 1.5 cm，长为花丝的 3 ～ 4 倍；药隔突出部分长 1 ～ 1.5 mm。花期 5 ～ 7 月，果期 8 ～ 10 月。

识别要点： 叶基部楔形。内轮花被片狭条形，长为外轮花被片的 1/3 至近等长或稍超过。

分布与生境： 产于江西柴桑、庐山、浮梁、铅山、婺源、宜丰、靖安、贵溪、黎川、宜黄、资溪、广昌、芦溪、井冈山、遂川、安福、永新、瑞金、龙南、大余、上犹、崇义、安远、定南、全南、宁都、会昌、寻乌、石城。生于海拔 120 ～ 2100 m 的林下阴处或沟谷边的草丛中。国内除江西外，亦分布于江苏、浙江、福建、湖北、湖南、广东、广西、四川、贵州、云南、台湾等地。

受威胁因素： 同金线重楼。

种群现状： 华重楼在江西分布范围较广，各地山区均有产，但因采挖较为严重，野生种群个体数量较少。本种多零星生于中山地带阔叶林下或毛竹林中，喜腐殖质较厚的土壤。本种山区农户有移栽。

价值与用途： 同金线重楼。

国家重点保护野生植物	中国生物多样性红色名录（高等植物卷）	极小种群（狭域分布）保护物种
二级	易危（VU）	否

华重楼 *Paris polyphylla* var. *chinensis*

宽叶重楼 *Paris polyphylla* var. *latifolia* F. T. Wang & C. Yu Chang

藜芦科 Melanthiaceae　重楼属 *Paris*

形态特征：本变种的形态特征与狭叶重楼（变种）很接近，主要区别在于宽叶重楼叶较宽，通常为倒卵状披针形或宽披针形，长 12 ～ 15 cm，宽 2 ～ 4 cm，基部宽楔形；圆形幼果外面有疣状突起，成熟后更为明显。花期 5 月，果期 7 ～ 9 月。

识别要点：叶中部以上较宽。内轮花被片狭条形，通常远比外轮花被片长。

分布与生境：产于江西修水、靖安、瑞金。生于海拔 500 ～ 1000 m 的山坡林下。国内除江西外，亦分布于山西、安徽、河南、湖北、陕西等地。

受威胁因素：同金线重楼。

种群现状：宽叶重楼在江西种群数量极其稀少，仅见 3 处分布点。其中两处分别为 20 世纪 60 年代和 90 年代发现。第 3 处为庐山植物园标本馆团队 2018 年在幕阜山进行科学考察发现。团队人员对其进行了采集，并拍摄了照片。

价值与用途：同金线重楼。

国家重点保护野生植物	中国生物多样性红色名录（高等植物卷）	极小种群（狭域分布）保护物种
二级	无危（LC）	否

宽叶重楼 *Paris polyphylla* var. *latifolia*

狭叶重楼 *Paris polyphylla* var. *stenophylla* Franch.

藜芦科 Melanthiaceae 重楼属 *Paris*

形态特征：多年生草本植物。叶 8 ～ 13 枚，轮生，披针形、倒披针形或条状披针形，有时略微弯曲呈镰刀状，长 5.5 ～ 19 cm，通常宽 1.5 ～ 2.5 cm，先端渐尖，基部楔形，具短叶柄。外轮花被片叶状，5 ～ 7 枚，狭披针形或卵状披针形；内轮花被片狭条形，远比外轮花被片长；雄蕊 7 ～ 14 枚；花药长 5 ～ 8 mm，与花丝近等长；药隔突出部分极短，长 0.5 ～ 1 mm；子房近球形，暗紫色；花柱明显，长 3 ～ 5 mm，顶端具 4 ～ 5 分枝。花期 6 ～ 8 月，果期 9 ～ 10 月。

识别要点：叶通常 12 枚左右，披针形或条状披针形。内轮花被片远比外轮花被片长。

分布与生境：产于江西修水、铅山、芦溪、遂川、安福等地。生于海拔 180 ～ 1600 m 的林下或草丛阴湿处。国内除江西外，亦分布于山西、江苏、浙江、安徽、福建、湖北、湖南、广西、四川、贵州、云南、西藏、陕西、甘肃、台湾等地。

受威胁因素：同金线重楼。

种群现状：在江西，狭叶重楼种群数量极其稀少，仅在罗霄山脉和武夷山脉的偏远林区有零星分布。

价值与用途：同金线重楼。

国家重点保护野生植物	中国生物多样性红色名录（高等植物卷）	极小种群（狭域分布）保护物种
二级	易危（VU）	否

狭叶重楼 *Paris polyphylla* var. *stenophylla*

黑籽重楼（短梗重楼） *Paris thibetica* Franch.

藜芦科 Melanthiaceae　**重楼属** *Paris*

形态特征：多年生草本植物。叶 6 ～ 9 枚，轮生，矩圆形或矩圆状披针形，长 6 ～ 12 cm，宽 1.5 ～ 3 cm，先端短尖或渐尖，基部楔形或近圆形；叶柄长 1 ～ 2 cm，很少较短，带紫色。花梗通常短于叶，极少稍长于叶；内轮花被片狭线形，长 1 ～ 1.5 cm，长为外轮花被片的 1/2，暗紫色或黄绿色；雄蕊 6 ～ 10 枚，长 1 ～ 1.5 cm；花丝扁平，长为花药的 1/5；药隔突出部分长 1 ～ 3 mm。花期 5 ～ 6 月。

识别要点：叶柄紫色。花梗通常短于叶。内轮花被片狭线形。

分布与生境：产于江西庐山、婺源、崇义、宁都等地。生于海拔 500 ～ 1000 m 的竹林或灌丛下。国内除江西外，亦分布于湖北、湖南、广西、四川、贵州、云南、西藏等地。

受威胁因素：同金线重楼。

种群现状：黑籽重楼在江西分布点较多，但是数量极其稀少，多见于偏远山区人迹罕至处。

价值与用途：同金线重楼。

国家重点保护野生植物	中国生物多样性红色名录（高等植物卷）	极小种群（狭域分布）保护物种
二级	易危（VU）	否

黑籽重楼（短梗重楼）*Paris thibetica*

荞麦叶大百合 *Cardiocrinum cathayanum* (E. H. Wilson) Stearn

百合科 Liliaceae　大百合属 *Cardiocrinum*

形态特征：茎高 0.5 ～ 1.5 m，有地下鳞茎。具基生叶和茎生叶，基生叶莲座状；叶纸质，具网状脉，卵状心形或卵形，先端急尖，基部近心形，长 10 ～ 22 cm，宽 6 ～ 16 cm；叶柄长 6 ～ 20 cm，基部扩大。总状花序有花 3 ～ 5 朵；花梗短而粗，每花具 1 枚苞片；花狭喇叭形，乳白色或淡绿色，内具紫色条纹。蒴果近球形，长 4 ～ 5 cm。花期 7 ～ 8 月，果期 8 ～ 9 月。

识别要点：基生叶莲座状。叶基部近心形，叶柄长 6 ～ 20 cm。总状花序有花 3 ～ 5 朵。

分布与生境：产于江西柴桑、瑞昌、庐山、武宁、修水、彭泽、铅山、婺源、袁州、靖安、铜鼓、资溪、芦溪、井冈山、遂川、安福、寻乌、石城等地。生于海拔 270 ～ 1300 m、空气湿度很高的林下及山涧、溪流、沟谷旁，喜阴凉、湿润的环境。国内除江西外，亦分布于江苏、浙江、安徽、福建、河南、湖北、湖南等地。

受威胁因素：荞麦叶大百合虽然分布很广，但其对生长环境要求较高，对土壤要求也极为苛刻，种群扩散严重受到环境限制。同时，荞麦大百合自我更新能力弱，加之具有较高的观赏、药用和食用价值，野外采挖严重，而引种栽培的荞麦大百合很难适应低海拔地区气候。

种群现状：荞麦叶大百合野生资源在江西分布很广，目前发现的本种野生居群较大的分布点有庐山和武功山。庐山全山分布点较多，呈片状散生分布。武功山地区山谷两侧林下常见，种群数量较大，生长良好。

价值与用途：花和叶具有较高的观赏价值。地下鳞茎可食用。叶和鳞茎亦有较高药用价值。

国家重点保护野生植物	中国生物多样性红色名录（高等植物卷）	极小种群（狭域分布）保护物种
二级	易危（VU）	否

荞麦叶大百合 *Cardiocrinum cathayanum*

天目贝母 *Fritillaria monantha* Migo

百合科 Liliaceae　贝母属 *Fritillaria*

形态特征：植株长 45 ～ 60 cm。鳞茎由 2 枚鳞片组成。叶通常对生，有时兼有散生或 3 叶轮生的，矩圆状披针形至披针形，长 10 ～ 12 cm，宽 1.5 ～ 2.8 cm，先端不卷曲。花单朵，淡紫色，具黄色小方格，有 3 ～ 5 枚先端不卷曲的叶状苞片；花梗长 3.5 cm 以上。蒴果长宽各约 3 cm，棱上的翅宽 6 ～ 8 mm。花期 4 月，果期 6 月。

识别要点：鳞茎有 2 枚。叶通常对生。花单生于茎端，俯垂。

分布与生境：产于江西彭泽、湖口。生于海拔 100 ～ 200 m 的林下、水边或潮湿地上。国内除江西外，亦分布于浙江、安徽、河南、湖北、四川等地。

受威胁因素：天目贝母为我国特有贝母属植物，分布范围较广，但是其野生种群个体数量较少，全国目前有记载的分布点数量仅有 10 多个。同时，贝母是著名的传统中药材，其野生资源破坏严重。

种群现状：目前江西仅见北部九江地区有天目贝母分布，野生资源非常少。目前腊叶标本仅有两处记载：一处为九江湖口县武山，该标本采自 20 年前，生于海拔 200 m 的山坡草地上；另外一处分布地点为邻近湖口的彭泽县浩山，该处为菜地，疑似为栽培。2023 年庐山植物园标本馆团队在彭泽县的桃红岭梅花鹿国家级自然保护区科学考察时发现了较大的天目贝母居群，数量在 100 株左右。

价值与用途：观赏，药用。

国家重点保护野生植物	中国生物多样性红色名录（高等植物卷）	极小种群（狭域分布）保护物种
二级	濒危（EN）	否

天目贝母 *Fritillaria monantha*

浙贝母 *Fritillaria thunbergii* Miq.

百合科 Liliaceae　贝母属 *Fritillaria*

形态特征： 植株长 50 ～ 80 cm。鳞茎由 2 枚鳞片组成。叶在最下面的对生或散生，向上常兼有散生、对生和轮生的，近条形至披针形，长 7 ～ 11 cm，宽 1 ～ 2.5 cm，先端不卷曲或稍弯曲。花 1 ～ 6 朵，淡黄色，顶端的花具 3 ～ 4 枚叶状苞片，其余的具 2 枚苞片，苞片先端卷曲。蒴果长 2 ～ 2.2 cm，宽约 2.5 cm，棱上有宽 6 ～ 8 mm 的翅。花期 3 ～ 4 月，果期 5 月。

识别要点： 鳞茎由 2 枚鳞片组成。花 1 ～ 6 朵，顶端苞片先端卷曲。

分布与生境： 产于江西庐山。生于海拔 200 ～ 950 m 的山丘荫蔽处或竹林下。国内除江西外，亦分布于江苏、浙江、安徽等地。

受威胁因素： 浙贝母为我国特有贝母属植物，分布范围较狭窄，仅在华东地区有分布，野生种群个体数量较少。贝母是著名的传统中药材，其野生资源破坏严重。

种群现状： 目前江西仅见北部庐山有浙贝母分布，野生种群数量稀少，亦有栽培。

价值与用途： 观赏，药用。

国家重点保护野生植物	中国生物多样性红色名录（高等植物卷）	极小种群（狭域分布）保护物种
二级	濒危（EN）	否

浙贝母 *Fritillaria thunbergii*

金线兰 *Anoectochilus roxburghii* (Wall.) Lindl.

兰科 Orchidaceae　开唇兰属 *Anoectochilus*

形态特征：多年生草本植物。植株高 8 ～ 18 cm。根状茎匍匐，伸长，肉质，具节，节上生根。茎直立，具 3 ～ 4 枚叶。叶莲座基生，叶片卵圆形或卵形，长 1.3 ～ 3.5 cm，宽 0.8 ～ 3 cm，上面暗紫色或黑紫色，具金红色带有绢丝光泽的美丽网脉，背面淡紫红色，先端近急尖或稍钝，基部近截形或圆形，骤狭成柄；叶柄长 4 ～ 10 mm，基部扩大成抱茎的鞘。总状花序具 2 ～ 6 朵花，花序梗均被柔毛；唇瓣位于上方，呈 Y 字形，基部具圆锥状距，唇瓣的爪部两侧具丝状的长流苏细裂条。花期 9 ～ 11 月。

识别要点：叶莲座基生，表面具金红色网状脉纹。唇瓣爪部向上，两侧长流苏状撕裂。

分布与生境：产于江西万载、宜丰、靖安、贵溪、资溪、芦溪、井冈山、吉安、永新、瑞金、龙南、信丰、崇义、寻乌等地。生于海拔 150 ～ 1270 m 的常绿阔叶林下或沟谷阴湿处。国内除江西外，亦分布于浙江、福建、湖南、广东、广西、海南、四川、云南、西藏等地。

受威胁因素：金线兰具有很好的药用价值和保健功效，虽然其人工组培技术和栽培技术问题已得到解决，但是栽培金线兰药用功效不及野生，因此野外采挖严重，种群数量急剧下降，野生资源日渐枯竭。

种群现状：金线兰在江西分布范围较广，主要集中在南部地区，个体数量较少，少见集群。本种在保护较好的常绿阔叶林下、腐殖质较厚的潮湿处较常见，因其植株较小，除开花季节较为显眼外，其余时期很容易被忽略。

价值与用途：观赏，药用。

国家重点保护野生植物	中国生物多样性红色名录（高等植物卷）	极小种群（狭域分布）保护物种
二级	濒危（EN）	否

金线兰 *Anoectochilus roxburghii*

浙江金线兰 *Anoectochilus zhejiangensis* Z. Wei & Y. B. Chang

兰科 Orchidaceae　开唇兰属 *Anoectochilus*

形态特征：多年生草本植物。植株高 8 ～ 16 cm。根状茎匍匐，具节，节上生根。茎淡红褐色，肉质，被柔毛，下部集生 2 ～ 6 枚叶。叶莲座基生，叶片宽卵形至卵圆形，长 0.7 ～ 2.6 cm，宽 0.6 ～ 2.1 cm，先端急尖，基部圆形，全缘，上面呈鹅绒状绿紫色，具金红色带绢丝光泽的美丽网脉，基部骤狭成柄；叶柄长约 6 mm。总状花序具 1 ～ 4 朵花，花序轴被柔毛；唇瓣位于上方，白色，呈 Y 字形，唇瓣爪部两侧仅具细锯齿、粗锯齿、齿状短裂条或近全缘。花期 7 ～ 9 月。

识别要点：叶莲座基生，表面具金红色网状脉纹。唇瓣两侧全缘。

分布与生境：产于江西修水、靖安。生于海拔 150 ～ 1200 m 的山坡或沟谷的密林下阴湿处。国内除江西外，亦分布于浙江、福建、广西等地。

受威胁因素：浙江金线兰分布区域狭窄，种群数量稀少。其药用价值同金线兰，野生资源因采挖日渐枯竭。

种群现状：浙江金线兰在江西首次被发现并报道是 2017 年，是由庐山植物园彭焱松研究员在修水进行科学考察时发现并采集到标本的，其生于林下阴湿苔藓上。后来在江西靖安九岭山地区也有发现，种群数量稀少，生于沟边林缘地带浅草丛中。目前江西仅见上述两处有分布。

价值与用途：观赏，药用。

国家重点保护野生植物	中国生物多样性红色名录（高等植物卷）	极小种群（狭域分布）保护物种
二级	濒危（EN）	否

浙江金线兰 *Anoectochilus zhejiangensis*

白及 *Bletilla striata* (Thunb. ex A. Murray) Rchb. f.

兰科 Orchidaceae 白及属 *Bletilla*

形态特征：植株高 18 ～ 60 cm。假鳞茎扁球形，上面具荸荠似的环带。茎粗壮、直。叶 4 ～ 6 枚，狭长圆形或披针形，长 8 ～ 29 cm，宽 1.5 ～ 4 cm，先端渐尖，基部收狭成鞘并抱茎。花葶 1，花序具 3 ～ 10 朵花，常不分枝或极罕分枝；花序轴或多或少呈"之"字状曲折；花大，紫红色或粉红色；萼片和花瓣近等长，狭长圆形；花瓣较萼片稍宽；唇瓣较萼片和花瓣稍短，倒卵状椭圆形。花期 4 ～ 5 月。

识别要点：叶较大,4～6 枚。花葶 1。花序轴呈"之"字状曲折。花紫红色或粉红色。

分布与生境：产于江西柴桑、庐山、武宁、修水、湖口、婺源、宜丰、靖安、铜鼓、贵溪、资溪、芦溪、井冈山、遂川。生于海拔 110 ～ 1700 m 的常绿阔叶林下、路边草丛或岩石缝中。国内除江西外，亦分布于江苏、浙江、安徽、福建、湖北、湖南、广东、广西、四川、贵州、陕西、甘肃等地。

受威胁因素：白及是传统的中药材，市场供需不平衡，加之极具观赏价值，容易遭到采挖。同时，白及在野外种子繁殖能力极低，需人工打破休眠，所以野外种群数量较为稀少。

种群现状：白及在江西主要集中分布于北部，野外种群数量较少。

价值与用途：观赏，药用，酿酒。

国家重点保护野生植物	中国生物多样性红色名录（高等植物卷）	极小种群（狭域分布）保护物种
二级	濒危（EN）	否

白及 *Bletilla striata*

大黄花虾脊兰 *Calanthe sieboldii* Decne.

兰科 Orchidaceae　虾脊兰属 *Calanthe*

形态特征：假鳞茎小，具 2 ～ 3 枚叶和 5 ～ 7 枚鞘。叶宽椭圆形，长 45 ～ 60 cm，宽 9 ～ 15 cm，先端具短尖，基部收狭为较长的柄。花葶 1，长 40 ～ 50 cm；总状花序长 6 ～ 15 cm，无毛，疏生约 10 朵花；花大，鲜黄色，稍肉质；中萼片椭圆形，长 2.7 ～ 3 cm，宽 1.2 ～ 1.5 cm，先端锐尖；侧萼片斜卵形，比中萼片稍较小，先端锐尖；唇瓣基部与整个蕊柱翅合生，平伸，3 深裂；侧裂片斜倒卵形或镰状倒卵形，先端圆钝；中裂片近椭圆形。花期 2 ～ 3 月。

识别要点：叶较大，2 ～ 3 枚。花大，鲜黄色，总状花序，花葶 1。

分布与生境：产于江西靖安、贵溪、青原、井冈山。生于海拔 600 ～ 1100 m 的山地林下。国内除江西外，亦分布于安徽、湖南、台湾。

受威胁因素：大黄花虾脊兰分布区域狭窄，自然繁殖能力弱，种群数量稀少。同时，大黄花虾脊兰具有较高的观赏价值，容易遭到采挖。

种群现状：本种在江西仅见于井冈山国家级自然保护区、吉安市青原区、位于靖安的九岭山国家级自然保护区和位于贵溪的阳际峰国家级自然保护区内，种群数量较少。其中阳际峰分布点为 2022 年江西省兰科植物资源调查时发现，其大黄花虾脊兰个体数量在 20 株左右。这是本种继井冈山国家级自然保护区、吉安市青原区和九岭山国家级自然保护区后的第四次野生种群记录，也是武夷山脉关于本种的首次记录。目前南昌大学杨柏云教授已成功在九岭山进行了大黄花虾脊兰野外回归保护实验，这为其野外回归和就地保护提供了参照依据。

价值与用途：观赏。

国家重点保护野生植物	中国生物多样性红色名录（高等植物卷）	极小种群（狭域分布）保护物种
一级	极危（CR）	是

大黄花虾脊兰 *Calanthe sieboldii*

独花兰 *Changnienia amoena* S. S. Chien

兰科 Orchidaceae　独花兰属 *Changnienia*

形态特征： 假鳞茎近椭圆形或宽卵球形，肉质，近淡黄白色，有 2 节，被膜质鞘。叶 1 枚，宽卵状椭圆形至宽椭圆形，长 6.5 ～ 11.5 cm，宽 5 ～ 8.2 cm，先端急尖或短渐尖，基部圆形或近截形；叶柄长 3.5 ～ 8 cm。花葶长 10 ～ 17 cm，紫色，具 2 枚鞘；花大，白色带肉红色或淡紫色晕，唇瓣有紫红色斑点；萼片长圆状披针形，先端钝，有 5～7 条脉；侧萼片稍斜歪；花瓣狭倒卵状披针形，具 7 条脉；唇瓣略短于花瓣，3 裂，基部有距。花期 4 月。

识别要点： 假鳞茎肉质，近椭圆形或宽卵球形。叶 1 枚，宽卵状椭圆形至宽椭圆形。花 1 朵，肉质，白色。

分布与生境： 产于江西庐山、井冈山、龙南。生于海拔 400 ～ 1100 m 的疏林下腐殖质丰富的土壤上或沿山谷荫蔽处。国内除江西外，亦分布于江苏、浙江、安徽、湖北、湖南、四川、陕西。

受威胁因素： 独花兰是中国特有的单种属植物，主要分布在中国中、东部地区，分布点较少，种群个体数量稀少。本种野外自身繁殖能力弱，种子活力低，很难靠种子自然更新，主要靠假鳞茎有限的无性繁殖方式来繁殖后代。同时，野外生境日渐恶化和人为过度采挖，造成独花兰的居群数量日益减少。

种群现状： 独花兰在江西分布点仅有 3 处。其中庐山地区种群数量相对其他两处偏多，已知分布点有 3 处，数量有 40 余株，分别生于海拔 400 m、450 m、1100 m 的林下腐殖质丰富的土壤上。

价值与用途： 独花兰在兰科植物中为单种属植物，对研究兰科植物的系统发育具有重要的学术意义，也是优良的野生花卉和珍贵的药用资源。

国家重点保护野生植物	中国生物多样性红色名录（高等植物卷）	极小种群（狭域分布）保护物种
二级	濒危（EN）	否

独花兰 *Changnienia amoena*

杜鹃兰 *Cremastra appendiculata* (D. Don) Makino

兰科 Orchidaceae　杜鹃兰属 *Cremastra*

形态特征：假鳞茎卵球形或近球形，密接，有关节。叶通常1枚，生于假鳞茎顶端，狭椭圆形、近椭圆形或倒披针状狭椭圆形，长18～34 cm，宽5～8 cm，先端渐尖，基部收狭，近楔形；叶柄长7～17 cm，下半部常为残存的鞘所包蔽。花葶从假鳞茎上部节上发出，近直立，长27～70 cm；总状花序长10～25 cm，具5～22朵花；花常偏花序一侧，多少下垂，不完全开放，有香气，狭钟形，淡紫褐色。花期5～6月，果期9～12月。

识别要点：叶较大，1枚。花葶1，总状花序较长，花下垂，偏向一侧，淡紫褐色。

分布与生境：产于江西濂溪、庐山、浮梁、宜丰、井冈山、龙南、兴国。生于海拔500～1200 m的林下、山坡、沟边湿地上。国内除江西外，亦分布于山西、江苏、浙江、安徽、河南、湖北、湖南、广东、广西、重庆、四川、贵州、西藏、陕西、甘肃、台湾等地。

受威胁因素：杜鹃兰是兰科多年生药用草本植物，因长期大量采挖，其生长环境被破坏严重。同时，杜鹃兰因自然授粉困难等原因，导致有性繁殖困难，只能依靠无性繁殖，然而无性繁殖周期长，繁殖系数低。

种群现状：杜鹃兰在江西分布较广，但因其繁殖能力弱，野外很难见到居群，都为零星分布于林间。目前庐山地区杜鹃兰分布点较多，种群个体数量在50株左右，生于林下开阔地；庐山牯牛岭亦有分布，生于黄山松林下，伴有斑叶兰混生。

价值与用途：观赏，药用。

国家重点保护野生植物	中国生物多样性红色名录（高等植物卷）	极小种群（狭域分布）保护物种
二级	易危（VU）	否

杜鹃兰 *Cremastra appendiculata*

建兰 *Cymbidium ensifolium* (L.) Sw.

兰科 Orchidaceae　兰属 *Cymbidium*

形态特征：多年生常绿草本植物。假鳞茎卵球形，包藏于叶基之内。叶 2 ～ 4 枚，带形，有光泽，长 30 ～ 60 cm，宽 1 ～ 1.5 cm，前部边缘有时有细齿，关节距基部 2 ～ 4 cm。花葶从假鳞茎基部发出，直立，长 20 ～ 35 cm 或更长，但一般短于叶；总状花序具 3 ～ 9 朵花；花常有香气，色泽变化较大，通常为浅黄绿色而具紫斑；萼片近狭长圆形或狭椭圆形；侧萼片常向下斜展；花瓣狭椭圆形或狭卵状椭圆形，近平展；唇瓣近卵形。花期通常为 6 ～ 10 月。

识别要点：多年生常绿草本植物。叶宽 1 ～ 1.5 cm，关节距基部 2 ～ 4 cm。花葶通常短于叶，花苞片短。

分布与生境：产于江西宜丰、靖安、贵溪、资溪、井冈山、遂川、瑞金、龙南、信丰、大余、上犹、安远、寻乌等地。生于海拔 200 ～ 900 m 的疏林下、灌丛中、山谷旁或草丛中。国内除江西外，亦分布于浙江、安徽、福建、湖北、湖南、广东、广西、海南、四川、贵州、云南、西藏、台湾。

受威胁因素：兰属植物是中国传统文化里最具代表性的花卉植物，栽培历史悠久，品种较多。虽然兰属植物分布较广，栽培品种较多，但在市场利益的驱使下，现有野生资源破坏严重，野生种群数量急剧下降。

种群现状：兰属植物资源在江西分布很广，是山区常见的兰科植物种类，数量较多，分布零散。

价值与用途：观赏。

国家重点保护野生植物	中国生物多样性红色名录（高等植物卷）	极小种群（狭域分布）保护物种
二级	易危（VU）	否

建兰 *Cymbidium ensifolium*

蕙兰 *Cymbidium faberi* Rolfe

兰科 Orchidaceae　兰属 *Cymbidium*

形态特征：地生草本植物。假鳞茎不明显。叶 5 ～ 8 枚，带形，直立性强，长 25 ～ 80 cm，宽 7 ～ 12 mm，基部常对折而呈 V 形，叶脉透亮，边缘常有粗锯齿。花葶从叶丛基部最外面的叶腋抽出，近直立或稍外弯，长 35 ～ 50 cm，被多枚长鞘；总状花序具 5 ～ 11 朵或更多的花；花苞片线状披针形，约为花梗和子房长度的 1/2，至少超过 1/3；花常为浅黄绿色，唇瓣有紫红色斑，有香气。花期 3 ～ 5 月。

识别要点：叶边缘有锯齿，叶脉透亮。花苞片长度超过花梗长度的 1/3。

分布与生境：产于江西新建、柴桑、庐山、婺源、靖安、资溪、井冈山、遂川、龙南、寻乌等地。生于海拔 300 ～ 900 m、湿润但排水良好的透光处。国内除江西外，亦分布于浙江、安徽、福建、河南、湖北、湖南、广东、广西、四川、贵州、云南、西藏、陕西、甘肃、台湾。

受威胁因素：同建兰。

种群现状：同建兰。

价值与用途：观赏。

国家重点保护野生植物	中国生物多样性红色名录（高等植物卷）	极小种群（狭域分布）保护物种
二级	无危（LC）	否

蕙兰 *Cymbidium faberi*

多花兰 *Cymbidium floribundum* Lindl.

兰科 Orchidaceae　兰属 *Cymbidium*

形态特征：多年生常绿草本植物。假鳞茎近卵球形，稍压扁。叶通常 5 ～ 6 枚，带形，坚纸质，长 22 ～ 50 cm，宽 8 ～ 18 mm，先端钝或急尖，中脉与侧脉在背面凸起，关节在距基部 2 ～ 6 cm 处。花葶自假鳞茎基部穿鞘而出，近直立或外弯，长 16 ～ 28 cm；花序通常具 10 ～ 40 朵花；花苞片小；花较密集；萼片与花瓣红褐色或偶见绿黄色，唇瓣白色而在侧裂片与中裂片上有紫红色斑，褶片黄色。花期 4 ～ 8 月。

识别要点：叶中脉在背面凸起。花密集，花序通常有花 10 ～ 40 朵。

分布与生境：产于江西修水、广丰、靖安、铜鼓、资溪、井冈山、遂川、永新、南康、瑞金、龙南、大余、安远、全南等地。生于海拔 400 ～ 1200 m 的林中或林缘树上，溪谷旁透光的岩石上或岩壁上。国内除江西外，亦分布于浙江、福建、湖北、湖南、广东、广西、四川、贵州、云南、西藏、台湾等地。

受威胁因素：同建兰。

种群现状：同建兰。

价值与用途：观赏。

国家重点保护野生植物	中国生物多样性红色名录（高等植物卷）	极小种群（狭域分布）保护物种
二级	易危（VU）	否

多花兰 *Cymbidium floribundum*

春兰 *Cymbidium goeringii* (Rchb. f.) Rchb. f.

兰科 Orchidaceae　兰属 *Cymbidium*

形态特征：多年生常绿草本植物。假鳞茎较小，卵球形。叶4～7枚，带形，通常较短小，长20～40 cm，宽5～9 mm，边缘无齿或具细齿。花葶从假鳞茎基部外侧叶腋中抽出，直立，长3～15 cm，明显短于叶；花序具单朵花，极罕2朵；花苞片长而宽，一般长4～5 cm，多少围抱子房；花色泽变化较大，通常为绿色或淡褐黄色而有紫褐色脉纹，有香气。花期1～3月。

识别要点：叶带形，宽5～9 mm。花葶短于叶，花通常单朵。

分布与生境：产于江西柴桑、庐山、武宁、铅山、宜丰、靖安、贵溪、资溪、井冈山、瑞金、龙南、上犹、宁都等地。生于海拔160～1480 m的多石山坡、林缘、林中透光处。国内除江西外，亦分布于江苏、浙江、安徽、福建、河南、湖北、湖南、广东、广西、四川、贵州、云南、陕西、甘肃、台湾等地。

受威胁因素：同建兰。

种群现状：同建兰。

价值与用途：观赏。

国家重点保护野生植物	中国生物多样性红色名录（高等植物卷）	极小种群（狭域分布）保护物种
二级	易危（VU）	否

春兰 *Cymbidium goeringii*

寒兰 *Cymbidium kanran* Makino

兰科 Orchidaceae　兰属 *Cymbidium*

形态特征：地生植物。假鳞茎狭卵球形。叶 3 ～ 5 枚，带形，薄革质，暗绿色，长 40 ～ 70 cm，宽 9 ～ 17 mm，前部边缘常有细齿，关节位于距基部 4 ～ 5 cm 处。花葶发自假鳞茎基部，长 25 ～ 60 cm，直立；总状花序疏生 5 ～ 12 朵花；花苞片狭披针形，一般与花梗和子房近等长；花常为淡黄绿色而具淡黄色唇瓣，也有其他色泽，常有浓烈香气。花期 8 ～ 12 月。

识别要点：叶宽 9 ～ 17 mm，先端边缘常有齿。花多数，花萼和苞片狭长。

分布与生境：产于江西宜丰、靖安、资溪、井冈山、瑞金、龙南等地。生于海拔 300 ～ 1000 m 的林下、溪谷旁或稍荫蔽、湿润、多石之土壤上。国内除江西外，亦分布于浙江、安徽、福建、湖南、广东、广西、海南、四川、贵州、云南、西藏、台湾等地。

受威胁因素：同建兰。

种群现状：同建兰。

价值与用途：观赏。

国家重点保护野生植物	中国生物多样性红色名录（高等植物卷）	极小种群（狭域分布）保护物种
二级	易危（VU）	否

寒兰 *Cymbidium kanran*

大根兰 *Cymbidium macrorhizon* Lindl.

兰科 Orchidaceae　兰属 *Cymbidium*

形态特征：腐生植物。无绿叶，亦无假鳞茎，地下有根状茎。根状茎肉质，白色，斜生或近直立，长 5 ～ 10 cm，直径 3 ～ 7 mm，常分枝，具节，具不规则疣状突起，末端偶见短生。花葶直立，紫红色，长 11 ～ 18 cm 或更长，中部以下具数枚圆筒状的鞘，鞘长 1 ～ 2.5 cm；总状花序具 2 ～ 5 朵花；花苞片线状披针形；花白色带黄色至淡黄色，萼片与花瓣常有 1 条紫红色纵带，唇瓣上有紫红色斑。花期 6 ～ 8 月。

识别要点：腐生植物。无绿叶和假鳞茎。根状茎肉质，白色，斜生或近直立，较长。花葶紫红色。

分布与生境：产于江西龙南、井冈山。生于海拔 400 ～ 500 m 的河边林下、林缘或开旷山坡上。国内除江西外，亦分布于重庆、四川、贵州、云南、陕西。

受威胁因素：大根兰为腐生植物，在兰属植物中罕见，其分布区域虽遍布 6 省（市），但是其分布点极少，野外种群数量更是不多。同时，其野外生境日益被破坏，种群数量日渐萎缩。

种群现状：2020 年大根兰在江西首次被报道。该种是由南昌大学杨柏云教授课题组于 2010 年在位于龙南县的九连山国家级自然保护区首次发现并采集到该标本的，生于海拔 450 m 的常绿阔叶林下。后来该团队在井冈山进行兰科植物调查时，发现了本种在保护区内亦有分布，数量极其稀少。

价值与用途：观赏。

国家重点保护野生植物	中国生物多样性红色名录（高等植物卷）	极小种群（狭域分布）保护物种
二级	近危（NT）	否

大根兰 *Cymbidium macrorhizon*

峨眉春蕙 *Cymbidium omeiense* Y. S. Wu & S. C. Chen

兰科 Orchidaceae　兰属 *Cymbidium*

形态特征：假鳞茎不明显。叶 4 ～ 5 枚，带形，长 15 ～ 20 cm，宽 7 ～ 12 mm，基部常对折而呈 V 形，叶脉透亮，边缘常有粗锯齿。花葶从叶丛基部最外面的叶腋抽出，近直立或稍外弯，长 15 ～ 20 m，被多枚长鞘；花苞片线状披针形，约为花梗和子房长度的 1/2，至少超过 1/3；花常为浅黄绿色，唇瓣有紫红色斑，有香气。花期 3 ～ 5 月。

识别要点：植株矮小。叶 4 ～ 5 枚，长 15 ～ 20 cm。花葶与叶近等长。

分布与生境：产于江西靖安、资溪、井冈山、龙南、崇义。生于海拔 500 ～ 1000 m、湿润但排水良好的透光处。四川也有产。

受威胁因素：同建兰。

种群现状：同建兰。

价值与用途：观赏。

国家重点保护野生植物	中国生物多样性红色名录（高等植物卷）	极小种群（狭域分布）保护物种
二级	近危（NT）	否

峨眉春蕙 *Cymbidium omeiense*

扇脉杓兰 *Cypripedium japonicum* Thunb.

兰科 Orchidaceae　杓兰属 *Cypripedium*

形态特征：植株高 35 ～ 55 cm，具较细长的、横走的根状茎。茎直立，被褐色长柔毛，基部具数枚鞘，顶端生叶。叶通常 2 枚，近对生；叶片扇形，长 10 ～ 16 cm，宽 10 ～ 21 cm，上半部边缘呈钝波状，基部近楔形，具扇形辐射状脉直达边缘，两面在近基部处均被长柔毛，边缘具细缘毛。花序顶生，具 1 花；花序柄亦被褐色长柔毛；花苞片叶状，菱形或卵状披针形；唇瓣下垂，囊状，近椭圆形或倒卵形。花期 4 ～ 5 月，果期 6 ～ 10 月。

识别要点：茎直立，被毛。叶 2 枚，近对生，扇形。

分布与生境：产于江西庐山、井冈山。生于海拔 1000 ～ 1800 m 的林下、灌木林下、林缘、溪谷旁、荫蔽山坡等湿润和腐殖质丰富的土壤上。国内除江西外，亦分布于浙江、安徽、福建、湖北、湖南、重庆、四川。

受威胁因素：扇脉杓兰具有极高的药用价值和观赏价值。近 20 年来，由于盗采、盗挖与生境日益被破坏，其分布范围不断缩小。同时，由于野生状态下扇脉杓兰授粉率和种子萌发率极低，以及生境片段化使其散播能力极其有限，扇脉杓兰的数量已非常稀少。

种群现状：扇脉杓兰在江西仅见于庐山和井冈山两处。庐山在 10 年前扇脉杓兰分布点较多，随着徒步游客的增多，加之人为盗采，很多过去的分布点，现已很难看见其踪迹。

价值与用途：观赏，药用。

国家重点保护野生植物	中国生物多样性红色名录（高等植物卷）	极小种群（狭域分布）保护物种
二级	无危（LC）	否

扇脉杓兰 *Cypripedium japonicum*

江西丹霞兰 *Danxiaorchis yangii* B. Y. Yang & Bo Li

兰科 Orchidaceae　丹霞兰属 *Danxiaorchis*

形态特征：植株直立，高 10 ～ 25 cm，腐生。根状茎块状，肉质，圆柱形，有许多小分枝和短分枝，无根。花葶圆柱状，具 2 ～ 3 鞘。总状花序，长 4 ～ 8 cm，有 5 ～ 30 朵花；花苞片长圆状披针形，先端渐尖，具稀到密的紫红色斑点；花梗和子房亮黄色；萼片黄色；花瓣黄色，狭椭圆形，锐尖；唇瓣 3 裂，在侧裂片上具 3 ～ 4 对紫红色条纹，在中间裂片上具紫红色斑点；侧裂片直立，稍抱蕊柱，近方形；中裂片长圆形；唇瓣基部具两个囊，中央具一个 Y 形胼胝体。蒴果紫红色，纺锤形。花期 4 ～ 5 月，果期 5 月。

识别要点：腐生。根状茎块状，多分枝。花黄色，唇瓣裂片上具紫红色斑点。

分布与生境：产于江西井冈山。生于海拔 300 ～ 400 m 的亚热带常绿阔叶林边缘或毛竹和灌丛混交林下潮湿地区。国内除江西外，湖南亦有分布。模式标本产自井冈山。

受威胁因素：江西丹霞兰分布区域狭窄，仅在罗霄山脉中段井冈山地区有分布，野外种群数量稀少，自我更新能力弱。

种群现状：江西丹霞兰是由南昌大学杨柏云教授于 2016 年在井冈山国家级自然保护区内发现，并于 2017 年发表的一新种。

价值与用途：观赏。

国家重点保护野生植物	中国生物多样性红色名录（高等植物卷）	极小种群（狭域分布）保护物种
二级	易危（VU）	否

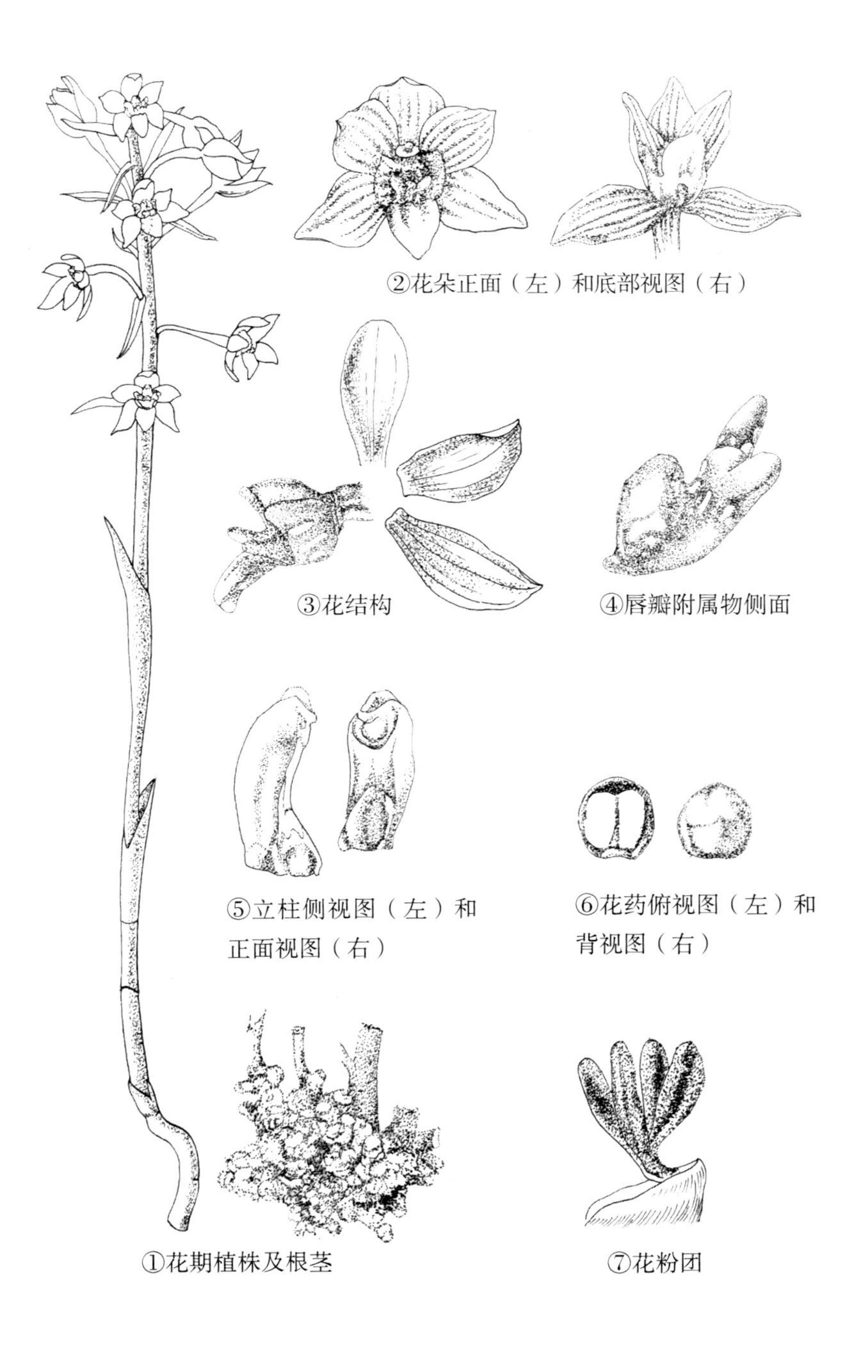

江西丹霞兰 *Danxiaorchis yangii*（朱玉善仿绘）

钩状石斛 *Dendrobium aduncum* Wall. ex Lindl.

兰科 Orchidaceae　石斛属 *Dendrobium*

形态特征： 茎下垂，圆柱形，长 50 ～ 100 cm，不分枝。叶长圆形或狭椭圆形，长 7 ～ 10.5 cm，宽 1 ～ 3.5 cm，先端急尖并且钩转，基部具抱茎的鞘。总状花序通常数个，出自落了叶或具叶的老茎上部，花序轴纤细，长 1.5 ～ 4 cm，多少回折状弯曲，疏生 1 ～ 6 朵花；花序柄长 5 ～ 10 mm；花开展，萼片和花瓣淡粉或粉紫色；唇瓣白色，密布白色短毛；蕊柱白色，长约 4 mm，下部扩大，顶端两侧具耳状的蕊柱齿，正面密布紫色长毛；蕊柱足长而宽，长约 1 cm，向前弯曲，末端与唇瓣相连接处具 1 个关节，内面有时疏生毛；药帽深紫色，近半球形，密布乳突状毛，顶端稍凹，前端边缘具不整齐的齿。花期 5 ～ 6 月。

识别要点： 茎下垂。叶先端急尖并且钩转。花淡粉或粉紫色。

分布与生境： 分布于江西龙南、上犹、定南、全南。生于海拔 700 ～ 1000 m 的山地林中树干上。国内除江西外，亦分布于湖南、广东、广西、海南、贵州、云南。

受威胁因素： 钩状石斛分布范围很广，在中国主要分布于华南地区，野生种群数量稀少，人为干扰严重，生境日益恶化。

种群现状： 目前江西钩状石斛资源状况缺乏数据，仅见文献记载，未见腊叶标本。

价值与用途： 观赏，药用。

国家重点保护野生植物	中国生物多样性红色名录（高等植物卷）	极小种群（狭域分布）保护物种
二级	易危（VU）	否

钩状石斛 *Dendrobium aduncum*

黄石斛 *Dendrobium catenatum* Lindl.

兰科 Orchidaceae　石斛属 *Dendrobium*

形态特征：茎直立或下垂，多少肉质，不分枝。叶革质，长圆状披针形，长 4 ～ 7 cm，通常宽 10 ～ 15 mm，先端近急尖，基部稍歪斜并且扩大为抱茎的鞘。总状花序从具叶或落了叶的老茎上部发出，通常具 2 ～ 5 朵花；花序轴多少回折状弯曲，长 3 ～ 4 cm；花序柄长 5 ～ 10 mm，基部被 3 ～ 4 枚短的膜质鞘；花黄绿色，后来转变为乳黄色，开展；中萼片卵状长圆形，具 5 条脉；侧萼片多少斜三角形，与中萼片等长，基部歪斜；花瓣长圆形；唇瓣椭圆状菱形，不裂。花期 4 ～ 5 月。

识别要点：茎直立或下垂。叶长圆状披针形。花黄绿色，唇瓣中部以下两侧不具紫红色条纹。

分布与生境：产于江西龙南。生于海拔 300 ～ 600 m 的山地林中树干上或山谷岩壁上。国内除江西外，亦分布于浙江、安徽、福建、广西、四川、云南、台湾。

受威胁因素：黄石斛分布范围狭窄，野生种群数量稀少，人为干扰严重，生境日益恶化。

种群现状：在江西，黄石斛仅见于九连山国家级自然保护区内，种群数量稀少。

价值与用途：观赏，药用。

国家重点保护野生植物	中国生物多样性红色名录（高等植物卷）	极小种群（狭域分布）保护物种
二级	极危（CR）	否

黄石斛 *Dendrobium catenatum*

密花石斛 *Dendrobium densiflorum* Lindl.

兰科 Orchidaceae　石斛属 *Dendrobium*

形态特征：茎粗壮，通常棒状或纺锤形，长 25 ～ 40 cm，粗达 2 cm，下部常收狭为细圆柱形，不分枝，具数个节和 4 个纵棱，有时棱不明显，干后淡褐色并且带光泽；叶常 3 ～ 4 枚，近顶生，革质，长圆状披针形，长 8 ～ 17 cm，宽 2.6 ～ 6 cm，先端急尖，基部不下延为抱茎的鞘。总状花序从上年或二年生具叶的茎上端发出，下垂，密生许多花，花序柄基部被 2 ～ 4 枚鞘；花梗和子房白绿色，长 2 ～ 2.5 cm；花开展，萼片和花瓣淡黄色。花期 4 ～ 5 月。

识别要点：茎粗壮，棒状或纺锤形。花密生，黄色。

分布与生境：产于江西龙南。生于常绿阔叶林中树干上或山谷岩石上。国内除江西外，亦分布于广东、广西、海南、西藏。

受威胁因素：密花石斛野外种群数量稀少，零星分布于华南地区南亚热带地区和热带地区等。该种生长周期缓慢，自然更新能力弱。同时，石斛属植物观赏价值和药用价值极高，市场需求量巨大，野生资源日益遭到破坏性采挖和偷盗。

种群现状：在江西，密花石斛仅分布于九连山国家级自然保护区内，数量极少。该保护区地处南亚热带，从植物区系上属华南植物区系，该地是密花石斛的分布北缘，也是密花石斛适合生长环境的临界点。

价值与用途：观赏，药用。

国家重点保护野生植物	中国生物多样性红色名录（高等植物卷）	极小种群（狭域分布）保护物种
二级	易危（VU）	否

密花石斛 *Dendrobium densiflorum*

串珠石斛 *Dendrobium falconeri* Hook.

兰科 Orchidaceae　石斛属 *Dendrobium*

形态特征：茎悬垂，肉质，细圆柱形，长 30 ～ 40 cm 或更长，近中部或中部以上的节间常膨大，多分枝，在分枝的节上通常肿大而成念珠状，主茎节间较长，达 3.5 cm，分枝节间长约 1 cm。叶薄革质，常 2 ～ 5 枚，互生于分枝的上部，狭披针形，长 5 ～ 7 cm，宽 3 ～ 7 mm；叶鞘纸质，筒状。总状花序侧生，常减退成单朵；花序柄纤细，长 5 ～ 15 mm；花苞片白色，膜质，卵形；萼片淡紫色或水红色带深紫色先端。花期 5 ～ 6 月。

识别要点：茎较长，节间常膨大，多分枝，分枝节膨大而成念珠状。花序柄纤细。

分布与生境：产于江西井冈山。生于海拔 800 ～ 900 m 的山地密林中树干上。国内除江西外，亦分布于湖南、广西、四川、云南、台湾。

受威胁因素：串珠石斛野外种群数量稀少，生长周期缓慢，自然更新能力弱。同时，石斛属植物观赏价值和药用价值极高，市场需求量巨大，野生资源日益遭到破坏性采挖和偷盗。

种群现状：串珠石斛在江西仅见于井冈山，寄生于离地 10 余 m 的枫杨 *Pterocarya stenoptera* C. DC. 树干上，仅发现 1 丛开花，其周围还有一些小苗，资源量稀少。

价值与用途：观赏，药用。

国家重点保护野生植物	中国生物多样性红色名录（高等植物卷）	极小种群（狭域分布）保护物种
二级	易危（VU）	否

串珠石斛 *Dendrobium falconeri*

重唇石斛 *Dendrobium hercoglossum* Rchb. f.

兰科 Orchidaceae　**石斛属** *Dendrobium*

形态特征：茎下垂，圆柱形或有时从基部上方逐渐变粗，通常长 8 ～ 40 cm，具少数至多数节，节间长 1.5 ～ 2 cm。叶薄革质，狭长圆形或长圆状披针形，长 4 ～ 10 cm，宽 4 ～ 8 mm，先端钝并且不等侧 2 圆裂，基部具紧抱于茎的鞘。总状花序通常数个，从落了叶的老茎上发出，常具 2 ～ 3 朵花；花序轴瘦弱，长 1.5 ～ 2 cm；花苞片小，干膜质；花梗和子房淡粉红色，长 12 ～ 15 mm；花开展，萼片和花瓣淡粉红色。花期 5 ～ 6 月。

识别要点：叶先端钝并有 2 圆裂。花序轴细瘦，花淡粉红色。

分布与生境：产于江西全南、龙南。生于海拔 400 ～ 600 m 的山地密林中树干上和山谷湿润岩石上。国内除江西外，亦分布于安徽、湖南、广西、贵州、云南。

受威胁因素：同串珠石斛。

种群现状：重唇石斛在江西种群数量稀少，主要分布于九连山国家级自然保护区内。

价值与用途：观赏，药用。

国家重点保护野生植物	中国生物多样性红色名录（高等植物卷）	极小种群（狭域分布）保护物种
二级	近危（NT）	否

重唇石斛 *Dendrobium hercoglossum*

霍山石斛 *Dendrobium huoshanense* C. Z. Tang & S. J. Cheng

兰科 Orchidaceae　石斛属 *Dendrobium*

形态特征：茎直立，肉质，长 3 ～ 9 cm，从基部上方向上逐渐变细，不分枝。叶革质，2 ～ 3 枚互生于茎的上部，斜出，舌状长圆形，长 0.9～4 cm，宽 5～7 mm，先端钝并且微凹，基部具抱茎的鞘；叶鞘膜质，宿存。总状花序 1 ～ 3 个，从落了叶的老茎上部发出，具 1 ～ 2 朵花；花序柄长 2 ～ 3 mm；花苞片浅白色带栗色，卵形；花淡黄绿色，开展；中萼片卵状披针形；唇瓣近菱形，长和宽约相等。花期 5 月。

识别要点：茎直立，较短，肉质。叶革质，舌状长圆形。花淡黄绿色。

分布与生境：产于江西龙南。生于山地林中树干上和山谷岩石上。国内除江西外，亦分布于安徽、河南、湖北等地。

受威胁因素：霍山石斛分布范围狭窄，野生种群数量稀少，加之人为干扰严重，生境日益缩减。

种群现状：霍山石斛在江西仅见于九连山国家级自然保护区内，种群数量稀少。

价值与用途：观赏，药用。

国家重点保护野生植物	中国生物多样性红色名录（高等植物卷）	极小种群（狭域分布）保护物种
一级	濒危（EN）	是

霍山石斛 *Dendrobium huoshanense*

美花石斛 *Dendrobium loddigesii* Rolfe

兰科 Orchidaceae　石斛属 *Dendrobium*

形态特征：茎柔弱，常下垂，细圆柱形，有时分枝，具多节；节间干后金黄色。叶纸质，二列，互生于整个茎上，舌形，长圆状披针形或稍斜长圆形，通常长 2 ～ 4 cm，宽 1 ～ 1.3 cm，先端锐尖而稍钩转，基部具鞘，干后上表面的叶脉隆起呈网格状；叶鞘膜质，干后鞘口常张开。花白色或紫红色，每束 1 ～ 2 朵侧生于具叶的老茎上部；花序柄长 2 ～ 3 mm，基部被 1 ～ 2 枚短的、杯状膜质鞘；唇瓣近圆形，直径 1.7 ～ 2 cm，上面中央金黄色，周边淡紫红色。花期 4 ～ 5 月。

识别要点：叶纸质，二列。花瓣全缘；唇瓣近圆形，中央金黄色。

分布与生境：产于江西龙南。生于海拔 700 ～ 800 m 的山地林中树干上或林下岩石上。国内除江西外，亦分布于广东、广西、海南、贵州、云南。

受威胁因素：美花石斛野外种群数量稀少，主要分布于热带和南亚热带地区。本种生长周期缓慢，自然更新能力弱。同时，石斛属植物观赏价值和药用价值极高，市场需求量巨大，野生资源日益遭到破坏性采挖和偷盗。

种群现状：美花石斛在江西仅见于九连山国家级自然保护区内，数量稀少，保护较好。

价值与用途：观赏，药用。

国家重点保护野生植物	中国生物多样性红色名录（高等植物卷）	极小种群（狭域分布）保护物种
二级	易危（VU）	否

美花石斛 *Dendrobium loddigesii*

罗河石斛 *Dendrobium lohohense* Tang & F. T. Wang

兰科 Orchidaceae　石斛属 *Dendrobium*

形态特征：茎质地稍硬，圆柱形，具多节，节上具数条纵条棱。叶薄革质，二列，长圆形，长 3 ～ 4.5 cm，宽 5 ～ 16 mm，先端急尖，基部具抱茎的鞘，鞘口常张开。花蜡黄色，稍肉质，总状花序减退为单朵花，侧生于具叶的茎端或叶腋，直立；花序柄无；花苞片蜡质，阔卵形；中萼片椭圆形，长约 15 mm，宽 9 mm，先端圆钝，具 7 条脉；侧萼片斜椭圆形，比中萼片稍长，但较窄，先端钝，具 7 条脉；唇瓣倒卵形。蒴果椭圆状球形。花期 6 月，果期 7 ～ 8 月。

识别要点：叶薄革质，二列。花蜡黄色；花苞片蜡质，阔卵形；唇瓣倒卵形。

分布与生境：产于江西寻乌、龙南。生于海拔 300 ～ 700 m 的山谷或林缘的岩石上。国内除江西外，亦分布于湖南、湖北、重庆、贵州、云南、广东、广西等地。

受威胁因素：罗河石斛野外种群数量稀少，主要分布于我国华南和西南地区，对生境条件要求较高，自然更新能力弱。同时，石斛属植物观赏价值和药用价值极高，市场需求量巨大，野生资源日益遭到破坏性采挖和偷盗，生境日益缩减。

种群现状：罗河石斛在江西仅见于南部寻乌县和龙南县。在寻乌县，罗河石斛仅有两个分布点，生于海拔 300 ～ 700 m 常绿阔叶林缘边的石壁上。在龙南县，罗河石斛主要在九连山国家级自然保护区内有分布，种群个体数量稀少，但保护较好。

价值与用途：观赏，药用。

国家重点保护野生植物	中国生物多样性红色名录（高等植物卷）	极小种群（狭域分布）保护物种
二级	濒危（EN）	否

罗河石斛 *Dendrobium lohohense*

细茎石斛 *Dendrobium moniliforme* (L.) Sw.

兰科 Orchidaceae　**石斛属** *Dendrobium*

形态特征：茎直立，细圆柱形，通常长 10 ～ 20 cm，具多节，节间长 2 ～ 4 cm，干后金黄色或黄色带深灰色。叶数枚，二列，常互生于茎的中部以上，披针形或长圆形，长 3 ～ 4.5 cm，宽 5 ～ 10 mm，先端钝并且稍不等侧 2 裂，基部下延为抱茎的鞘；总状花序 2 至数个，生于茎中部以上具叶和落了叶的老茎上，通常具 1 ～ 3 朵花；花序柄长 3 ～ 5 mm；花黄绿色或白色；萼片和花瓣相似，卵状长圆形或卵状披针形；唇瓣白色、淡黄绿色或绿白色。花期通常 3 ～ 5 月。

识别要点：茎直立，较细。叶披针形，先端钝且 2 裂。花黄绿色或白色。

分布与生境：产于江西柴桑、庐山、武宁、宜丰、靖安、井冈山、遂川、安福、龙南、大余、上犹、崇义、兴国等地。生于海拔 590 ～ 1500 m 的阔叶林中树干上或山谷岩壁上。国内除江西外，亦分布于安徽、福建、河南、湖北、湖南、广西、重庆、四川、贵州、云南、西藏、台湾等地。

受威胁因素：细茎石斛野生种群分布很广，是石斛属植物种比较常见的一种。然而石斛属植物观赏价值和药用价值极高，市场需求量巨大，细茎石斛野生资源也难以逃脱破坏性采挖和偷盗，生境日益缩减。

种群现状：细茎石斛在江西山区分布很广，主要生于常绿阔叶林中的树干上或山谷石壁上，也有居民在自家房前屋后的树干上栽培。随着人为活动的扩散，邻近村庄周边的细茎石斛种群几乎被采集殆尽，仅在保护区内和偏远山区人迹罕见的森林，其种群和生境才得以保存下来。

价值与用途：观赏，药用。

国家重点保护野生植物	中国生物多样性红色名录（高等植物卷）	极小种群（狭域分布）保护物种
二级	极危（CR）	否

细茎石斛 *Dendrobium moniliforme*

铁皮石斛 *Dendrobium officinale* Kimura & Migo

兰科 Orchidaceae　石斛属 *Dendrobium*

形态特征：茎直立，圆柱形，长 9 ～ 35 cm，不分枝，具多节，常在中部以上互生 3 ～ 5 枚叶；叶二列，纸质，长圆状披针形，长 3 ～ 4 cm，宽 9 ～ 11 mm，先端钝并且多少钩转，基部下延为抱茎的鞘；叶鞘常具紫斑。总状花序常从落了叶的老茎上部发出，具 2 ～ 3 朵花；花序柄长 5 ～ 10 mm；花序轴回折状弯曲；萼片和花瓣黄绿色；唇瓣白色，中部以下两侧具紫红色条纹。花期 3 ～ 6 月。

识别要点：茎直立。叶先端钝、易钩转，叶鞘具紫斑。花常生于老茎上部，黄绿色；唇瓣中部以下两侧具紫红色条纹。

分布与生境：产于江西铅山、宜丰、贵溪、井冈山、龙南、崇义、全南。生于海拔 600 ～ 1200 m 的山地半阴湿的岩石上或林中树干上。国内除江西外，亦分布于浙江、安徽、福建、广西、四川、云南、台湾等地。

受威胁因素：铁皮石斛是石斛属植物中药用和食用历史比较久远的一种石斛。其种群数量稀少，人为干扰较严重，生境日益缩减。目前虽有工厂化栽培生产，因野生铁皮石斛药效强于栽培，其价格依旧居高不下。在利益的驱使下，铁皮石斛的野生资源被采挖殆尽。

种群现状：铁皮石斛在江西分布比较局限，种群数量稀少，采挖严重。该种生长环境比较特殊，主要生于丹霞地貌的岩石上或常绿阔叶林中的树干上。

价值与用途：观赏，药用。

国家重点保护野生植物	中国生物多样性红色名录（高等植物卷）	极小种群（狭域分布）保护物种
二级	濒危（EN）	否

铁皮石斛 *Dendrobium officinale*

单葶草石斛 *Dendrobium porphyrochilum* Lindl.

兰科 Orchidaceae　**石斛属** *Dendrobium*

形态特征：附生草本植物。茎肉质，直立，圆柱形或狭长的纺锤形，长 1.5 ～ 4 cm，当年生的被叶鞘所包裹。叶 3 ～ 4 枚，二列、互生，纸质，狭长圆形，长达 4.5 cm，宽 6 ～ 10 mm，先端锐尖并且不等侧 2 裂，基部收窄而然后扩大为鞘；叶鞘草质，偏鼓状。总状花序单生于茎顶，远高出叶外，弯垂，具 3 ～ 7 朵小花；花苞片狭披针形，等长或长于花梗连同子房；花金黄色，或萼片和花瓣淡绿色带红色脉纹，具 3 条脉；唇瓣暗紫褐色，而边缘为淡绿色。花期 5～6 月。

识别要点：茎较短，小于 4 cm，被当年生叶鞘包围。叶 3 ～ 4 枚。花序弯垂，花金黄色。

分布与生境：产于江西龙南。生于海拔 400 ～ 500 m 的山地林中树干上或林下岩石上。国内除江西外，亦分布于广东、云南等地。

受威胁因素：单葶草石斛分布范围较广，从尼泊尔、不丹、印度东北部、缅甸至泰国均有分布，我国广东北部和江西南部交界区域是其分布的东端。但国内单葶草石斛分布区狭窄，种群数量稀少，自然更新能力弱，人为干扰严重，生境日益缩减。

种群现状：单葶草石斛在江西仅见于九连山国家级自然保护区内，种群数量稀少，附生于海拔 480 m、阴湿的石壁上。

价值与用途：观赏，药用。

国家重点保护野生植物	中国生物多样性红色名录（高等植物卷）	极小种群（狭域分布）保护物种
二级	濒危（EN）	否

单葶草石斛 *Dendrobium porphyrochilum*

始兴石斛 *Dendrobium shixingense* Z. L. Chen, S. J. Zeng & J. Duan

兰科 Orchidaceae　**石斛属** *Dendrobium*

形态特征： 茎直立或下垂，圆柱形。叶 5 ～ 7 枚，长圆状披针形。总状花序，疏生 1 ～ 3 朵花，花序柄基部具有 2 枚膜质鞘；花苞片淡黄色，卵状三角形，宿存；萼片淡粉红色，基部略带白色；花瓣略带淡粉红色，卵状椭圆形；唇瓣白色，先端边缘粉红色，宽卵形，基部楔形，边缘不明显 3 裂；唇盘中部前方具有 1 个大紫色扇形斑块，上面密被短柔毛，基部有白色胼胝体。花期 4 ～ 5 月。

识别要点： 茎多下垂。叶 5 ～ 7 枚，长圆状披针形。花淡粉红色。

分布与生境： 产于江西龙南。生于海拔 500 m 左右的亚热带常绿阔叶林中树干上或林下岩石上。国内除江西外，广东也有分布。

受威胁因素： 始兴石斛分布范围狭窄，是一个 2010 年才发现的新种。该种仅分布于广东北部始兴县及其交界的江西省龙南县，种群数量极其稀少，人为干扰严重，生境日益缩减。

种群现状： 始兴石斛在江西仅见于九连山国家级自然保护区内，种群数量稀少，附生于海拔 400 ～ 500 m、空气湿度较大的常绿阔叶林中的树干上或石壁上。

价值与用途： 观赏，药用。

国家重点保护野生植物	中国生物多样性红色名录（高等植物卷）	极小种群（狭域分布）保护物种
二级	濒危（EN）	否

始兴石斛 *Dendrobium shixingense*

广东石斛 *Dendrobium kwangtungense* C. L. Tso

兰科 Orchidaceae　**石斛属** *Dendrobium*

形态特征：茎直立或斜立，细圆柱形，不分枝。叶革质，二列、数枚，互生于茎的上部，狭长圆形，长 3 ～ 5 cm，宽 6 ～ 12 mm，先端钝并且稍不等侧 2 裂，基部具抱茎的鞘；叶鞘革质，老时呈污黑色。总状花序 1 ～ 4 个，从落了叶的老茎上部发出，具 1 ～ 2 朵花；花序柄长 3 ～ 5 mm；花苞片干膜质，浅白色；花梗和子房白色；花大，乳白色；唇瓣卵状披针形，比萼片稍短而宽得多，3 裂或不明显 3 裂，基部楔形，其中央具 1 个胼胝体。花期 5 月。

识别要点：茎直立。叶革质，狭长圆形，先端钝且 2 裂。花瓣、萼片、唇瓣白色。

分布与生境：产于江西崇义、大余。生于海拔 400 ～ 600 m 的山地阔叶林中树干上或林下岩石上。国内除江西外，亦分布于福建、湖北、湖南、广东、广西、四川、贵州、云南等地。

受威胁因素：广东石斛分布范围较广，但分布点较少。该种野外种群个体数量稀少，人为干扰严重，生境日益缩减。

种群现状：广东石斛在江西仅见于崇义和大余交界处，种群数量稀少，附生于海拔 400 ～ 600 m、空气湿度较大的常绿阔叶林中的树干上或石壁上。

价值与用途：观赏，药用。

国家重点保护野生植物	中国生物多样性红色名录（高等植物卷）	极小种群（狭域分布）保护物种
二级	极危（CR）	否

广东石斛 *Dendrobium kwangtungense*

剑叶石斛 *Dendrobium spatella* Rchb. f.

兰科 Orchidaceae　石斛属 *Dendrobium*

形态特征：茎直立，近木质，扁三棱形，长达 60 cm，不分枝，具多个节。叶二列，斜立，稍疏松地套迭或互生，厚革质或肉质，两侧压扁呈短剑状或匕首状，长 25 ～ 40 mm，宽 4 ～ 6 mm，先端急尖，基部扩大呈紧抱于茎的鞘，向上叶逐渐退化而成鞘状。花序侧生于无叶的茎上部，具 1 ～ 2 朵花，几无花序柄；花很小，白色；唇瓣白色带微红色。蒴果椭圆形，长 4 ～ 7 mm。花期 3 ～ 9 月，果期 10 ～ 11 月。

识别要点：茎扁三棱形。叶二列，厚革质或肉质，两侧压扁呈短剑状或匕首状。

分布与生境：产于江西龙南。生于海拔 200 ～ 300 m 的山地林缘树干上和林下岩石上。国内除江西外，亦分布于福建、广西、海南、云南、香港。

受威胁因素：剑叶石斛分布范围狭窄，主产于华南地区。本种野生种群数量稀少，人为干扰严重，生境日益缩减。

种群现状：剑叶石斛在江西仅见于九连山国家级自然保护区内，种群数量稀少，附生于空气湿度较大的石壁上。

价值与用途：观赏，药用。

国家重点保护野生植物	中国生物多样性红色名录（高等植物卷）	极小种群（狭域分布）保护物种
二级	易危（VU）	否

剑叶石斛 *Dendrobium spatella*

天麻 *Gastrodia elata* Bl.

兰科 Orchidaceae　**天麻属** *Gastrodia*

形态特征：植株高 30 ～ 100 cm。根状茎肥厚，块茎状，椭圆形至近哑铃形，肉质，具较密的节，节上被许多三角状宽卵形的鞘。茎直立，无绿叶，下部被数枚膜质鞘。总状花序长 5 ～ 30 cm，通常具 10 ～ 50 朵花；花苞片长圆状披针形；花扭转，近直立；萼片和花瓣合生成的花被筒长约 1 cm；唇瓣长圆状卵圆形，长 6 ～ 7 mm，宽 3 ～ 4 mm，3 裂。蒴果倒卵状椭圆形。花果期 5 ～ 7 月。

识别要点：根状茎肥厚，具较密的节。茎直立，无绿叶。花扭转。

分布与生境：产于江西庐山、井冈山、龙南。生于海拔 300～1200 m 的疏林下、林中空地、林缘、灌丛边缘。国内除江西外，亦分布于河北、山西、内蒙古、辽宁、吉林、江苏、浙江、安徽、河南、湖北、湖南、四川、贵州、西藏、陕西、台湾。

受威胁因素：天麻在我国大部分地区都有分布。该种对生长环境要求较高，需要特殊的菌类共生，才能使其发芽，因此野生种群数量相当稀少。同时，天麻是名贵的传统中药材，其野生资源因采挖破坏严重。

种群现状：天麻在江西野生居群数量相当稀少，仅发现有 3 处分布点，分别为江西北部的庐山、西南部的井冈山和南部的九连山，主要生于空气湿润的针阔混交林或常绿阔叶林下，很难见到居群，大部分都为零星分布或散生。

价值与用途：药用。

国家重点保护野生植物	中国生物多样性红色名录（高等植物卷）	极小种群（狭域分布）保护物种
二级	数据缺乏（DD）	否

天麻 *Gastrodia elata*

台湾独蒜兰 *Pleione formosana* Hayata

兰科 Orchidaceae　独蒜兰属 *Pleione*

形态特征：半附生或附生草本植物。假鳞茎压扁的卵形或卵球形，顶端具 1 枚叶。叶在花期尚幼嫩，长成后椭圆形或倒披针形，纸质，先端急尖或钝，基部渐狭成柄；叶柄长 3 ～ 4 cm。花葶从无叶的老假鳞茎基部发出，顶端通常具 1 花；花白色至粉红色；唇瓣宽卵状椭圆形至近圆形，不明显 3 裂，先端微缺，上部边缘撕裂状，上面具 2 ～ 5 条褶片，中央 1 条褶片短或不存在；褶片常有间断，无毛，全缘或啮蚀状。蒴果纺锤状，长 4 cm，黑褐色。花期 3 ～ 4 月。

识别要点：在假鳞茎顶端单生 1 枚叶。花唇瓣上的褶片间断，无毛，全缘或啮蚀状。

分布与生境：全省山区均有产。生于海拔 600 ～ 1600 m 的林下或林缘腐殖质丰富的土壤和岩石上。国内除江西外，亦分布于浙江、福建、台湾。

受威胁因素：人为采集破坏，生境日益缩减。

种群现状：台湾独蒜兰喜阴湿，在江西分布很广，种群成斑块状附着在常绿阔叶林下腐殖质丰富的陡峭石壁上，种群数量较稳定。

价值与用途：观赏，药用。

国家重点保护野生植物	中国生物多样性红色名录（高等植物卷）	极小种群（狭域分布）保护物种
二级	易危（VU）	否

台湾独蒜兰 *Pleione formosana*

毛唇独蒜兰 *Pleione hookeriana* (Lindl.) B. S. Williams

兰科 Orchidaceae　独蒜兰属 *Pleione*

形态特征：附生草本植物。假鳞茎卵形至圆锥形，顶端具 1 枚叶。叶椭圆状披针形或近长圆形，纸质，通常长 6 ～ 10 cm。花葶从无叶的老假鳞茎基部发出，直立，长 6 ～ 10 cm，基部有数枚膜质筒状鞘，顶端具 1 花；花苞片近长圆形；萼片与花瓣淡紫红色至近白色，唇瓣白色而有黄色唇盘和褶片以及紫色或黄褐色斑点；唇瓣扁圆形或近心形，不明显 3 裂，具 7 行沿脉而生的髯毛或流苏状毛。蒴果近长圆形，长 1 ～ 2.5 cm。花期 4 ～ 6 月，果期 9 月。

识别要点：在假鳞茎顶端单生 1 枚叶。唇瓣白色，具髯毛或流苏状毛。

分布与生境：产于江西遂川。生于树干上、灌木林缘苔藓覆盖的岩石上或岩壁上。国内除江西外，亦分布于广东、广西、贵州、云南、西藏。

受威胁因素：人为采集破坏，生境日益缩减。

种群现状：毛唇独蒜兰在江西仅见于遂川，为江西兰科植物新记录种。本种由南昌大学杨柏云教授近年来在江西全省山区调查兰科植物时发现，数量稀少。

价值与用途：观赏，药用。

国家重点保护野生植物	中国生物多样性红色名录（高等植物卷）	极小种群（狭域分布）保护物种
二级	易危（VU）	否

毛唇独蒜兰 *Pleione hookeriana*

莎禾 *Coleanthus subtilis* (Tratt.) Seidel

禾本科 Poaceae　莎禾属 *Coleanthus*

形态特征： 矮小的一年生草本植物。须根细而柔弱。秆直立，高约 5 cm，叶鞘膨大，其内常藏有分枝；叶舌膜质，叶片常向后弯曲为镰刀形。花序长 5 ～ 10 mm，其下托以苞片状的叶鞘，具 2 ～ 3 轮分枝，分枝多数，轮生，具微细的小刺毛，长 1 ～ 2 mm；小穗含 1 小花；颖退化，外稃顶端具芒尖；内稃顶端具 2 深裂齿。颖果狭长圆形，顶端渐尖。花果期春夏季。

识别要点： 植株矮小，高约 5 cm。叶片向后弯曲成镰刀形。叶鞘膨大。小型的伞形圆锥花序。

分布与生境： 产于江西新建、濂溪、都昌。生于海拔 3 ～ 10 m 的湖泊边及沼泽湿地。国内除江西外，亦分布于黑龙江、湖北。

受威胁因素： 莎禾零星分布于欧亚寒温带地区，多为间断性分布。莎禾的生活史很短暂，从种子萌发到成熟凋亡仅有 20 ～ 40 天的时间，产生的种子在经历水涨潮落反复筛选后，依旧存活的种子才会萌发，也可能会因为水位淹没而中断其生长和繁殖，甚至消失。同时，在某些时候湖泊的干涸、湿地的消失，也会伴随莎禾的消失。

种群现状： 莎禾在江西仅见于北部的鄱阳湖地区。中国最早的莎禾标本，是著名的植物采集家钟观光先生于 1921 年 4 月在江西鄱阳湖畔的姑塘采到的。后来 100 年间，未见莎禾其他标本和记录点。2021 年汪远在鄱阳湖国家级自然保护区重新发现了该物种的存在。2022 年 4 月庐山植物园标本馆团队前往都昌调查其种群数量，发现当地的莎禾主要生于海拔 5 ～ 8 m 的鄱阳湖水落交错带上的滩涂地上，生长状态良好。

价值与用途： 候鸟迁徙的食物；研究植物间断性分布与动物迁徙互作关系的重要材料。

国家重点保护野生植物	中国生物多样性红色名录（高等植物卷）	极小种群（狭域分布）保护物种
二级	濒危（EN）	否

莎禾 *Coleanthus subtilis*

水禾 *Hygroryza aristata* (Retz.) Nees

禾本科 Poaceae　水禾属 *Hygroryza*

形态特征：水生漂浮草本植物。根状茎细长，节上生羽状须根。茎露出水面的部分长约 20 cm。叶鞘膨胀，具横脉；叶舌膜质，长约 0.5 mm；叶片卵状披针形，长 3 ～ 8 cm，宽 1 ～ 2 cm，下面具小乳状突起，顶端钝，基部圆形，具短柄。圆锥花序长与宽近相等，为 4 ～ 8 cm，具疏散分枝，基部为顶生叶鞘所包藏；小穗含 1 小花，草质，具 5 脉，脉上被纤毛，脉间生短毛，顶端具长 1 ～ 2 cm 的芒；内稃与其外稃同质且等长，具 3 脉，中脉被纤毛，顶端尖；鳞被 2 枚，具脉；雄蕊 6 枚，花药黄色，长 3 ～ 3.5 mm。秋季开花。

识别要点：漂浮水面，叶鞘膨胀，叶面常有黑色斑纹。

分布与生境：产于江西进贤、万年、黎川、泰和。生于池塘湖沼和小溪流中。国内除江西外，亦分布于安徽、福建、广东、海南、云南、台湾。

受威胁因素：水禾在我国分布范围很广，但随着工业、农业、养殖业的快速发展以及水体的过度开发，其生境日益缩减。同时，水禾自然条件下种子繁殖能力低，其无性繁殖加剧了遗传能力的丢失。

种群现状：水禾在江西仅见于 20 世纪 80 年代前后的标本，主要分布于泰和、万年、黎川和进贤。其中泰和县水禾生于采石山附近的溪水中或溪边滩涂；黎川县水禾生于溪水中；进贤县水禾生于青岚湖中。此后未见采集和报道。目前庐山植物园鄱阳湖分园有引种栽培。

价值与用途：观赏。

国家重点保护野生植物	中国生物多样性红色名录（高等植物卷）	极小种群（狭域分布）保护物种
二级	易危（VU）	否

水禾 *Hygroryza aristata*

野生稻 *Oryza rufipogon* Griff.

禾本科 Poaceae　稻属 *Oryza*

形态特征：多年生水生草本植物。秆高约 1.5 m，下部海绵质或于节上生根。叶鞘圆筒形，疏松、无毛；叶舌长达 17 mm；叶耳明显；叶片线形、扁平。圆锥花序长约 20 cm，直立而后下垂；主轴及分枝粗糙；小穗长 8 ～ 9 mm，基部具 2 枚微小半圆形的退化颖片；成熟后自小穗柄关节上脱落；孕性外稃长圆形，厚纸质，长 7～8 mm，具 5 脉，遍被糙毛，粗糙，沿脊上部具较长纤毛；芒着生于外稃顶端并具一明显关节，长 5 ～ 40 mm；内稃与外稃同质，被糙毛，具 3 脉；鳞被 2 枚；雄蕊 6 枚，花药长约 5 mm；柱头 2 枚，羽状。颖果长圆形，易落粒。花果期 4 ～ 5 月和 10 ～ 11 月。

识别要点：秆、叶无毛。小穗长 8 ～ 9 mm，具长芒，成熟后易脱落。叶舌长达 17 mm。

分布与生境：产于江西东乡。生于海拔 600 m 以下平原地区的池塘、溪沟、稻田、沟渠、沼泽等低湿地。国内除江西外，亦分布于广东、广西、海南、云南、台湾。

受威胁因素：野生稻分布区域虽广，但是野生种群数量少。由于人为干扰和生态环境的破坏，野生稻种群数量和生境日益缩减。同时，野生稻种质资源价值高，而居群外通常有栽培稻种植，很大程度上影响了野生稻的遗传独立性。

种群现状：东乡野生稻是迄今世界上分布最北的野生稻，自 1978 年发现以来，原生地居群已由最初的 9 个减少到 3 个，面积也由 3 ～ 4 hm^2 锐减至 0.1 hm^2。

价值与用途：野生稻作为亚洲栽培稻的近缘祖先种，是稻种资源的重要组成部分，也是水稻杂交育种工作中最为重要的材料，具有较高的研究、开发与利用价值，可直接开发作为全株饲料稻或为培育优质全株饲料稻提供优良种质资源。

国家重点保护野生植物	中国生物多样性红色名录（高等植物卷）	极小种群（狭域分布）保护物种
二级	极危（CR）	否

①植株
②花序
③花药
④秆和叶鞘
⑤小穗

拟高粱 *Sorghum propinquum* (Kunth) Hitchc.

禾本科 Poaceae　**高粱属** *Sorghum*

形态特征：多年生草本植物。根茎粗壮，须根坚韧。秆直立，高1.5 ～ 3 m，具多节，节上具灰白色短柔毛。叶鞘无毛，或鞘口内面及边缘具柔毛；叶舌质较硬，长 0.5 ～ 1 mm，具细毛；叶片线形或线状披针形，长 40 ～ 90 cm，宽 3 ～ 5 cm，两面无毛，中脉较粗。圆锥花序开展，长 30 ～ 50 cm，宽 6 ～ 15 cm；分枝纤细，3 ～ 6 枚轮生，下部者长 15 ～ 20 cm，基部腋间具柔毛；小穗成熟后，有柄小穗易脱落，无柄小穗椭圆形或狭椭圆形。颖果倒卵形，棕褐色。有柄小穗雄性，约与无柄小穗等长。花果期夏秋季。

识别要点：多年生，具根状茎。叶鞘光滑无毛。叶片较宽，3 ～ 5 cm。有柄小穗成熟时易脱落。

分布与生境：产于江西武宁、永修、资溪。生于海拔 150 ～ 400 m 的河岸旁、湿润沟边或路边。国内除江西外，亦分布于福建、广东、海南、四川、云南、台湾。

受威胁因素：拟高粱是重要的牧草育种资源，但随着人为干扰严重，其生境日益被破坏，并不断缩减，急需加以保护。

种群现状：拟高粱在江西仅见于北部的武宁、永修和东部的资溪，种群数量稀少。上述分布点多为早期腊叶标本记录，2023 年庐山植物园标本馆团队在九江永修进行重点植物调查时，在修河岸边发现了本种的存在，仅见 2 丛。

价值与用途：是优质的饲料植物，亦可用于湿地绿化。

国家重点保护野生植物	中国生物多样性红色名录（高等植物卷）	极小种群（狭域分布）保护物种
二级	濒危（EN）	否

拟高粱 *Sorghum propinquum*

中华结缕草 *Zoysia sinica* Hance

禾本科 Poaceae　结缕草属 *Zoysia*

形态特征：多年生植物。具横走根茎。秆直立，高 13 ～ 30 cm，茎部常具宿存枯萎的叶鞘。叶鞘无毛，长于或上部者短于节间，鞘口具长柔毛；叶舌短而不明显；叶片淡绿或灰绿色，背面色较淡，长可达 10 cm，宽 1 ～ 3 mm，无毛。总状花序穗形，小穗排列稍疏，长 2 ～ 4 cm，伸出叶鞘外；小穗披针形或卵状披针形，长 4 ～ 5 mm；颖光滑无毛，侧脉不明显，中脉近顶端与颖分离，延伸成小芒尖；外稃膜质，长约 3 mm，具 1 明显的中脉；雄蕊 3 枚，花药长约 2 mm；花柱 2 枚，柱头帚状。颖果棕褐色，长椭圆形，长约 3 mm。花果期 5 ～ 10 月。

识别要点：叶扁平或边缘内卷。花序基部伸出叶鞘外。小穗长在 4 mm 以上。

分布与生境：产于江西濂溪、庐山、婺源、宜丰、靖安、资溪、井冈山、遂川、信丰、崇义、宁都、石城。生于湖边沙滩、河岸、路旁的草丛中。国内除江西外，亦分布于河北、辽宁、江苏、浙江、安徽、福建、山东、广东、广西、台湾等地。

受威胁因素：中华结缕草野外种子具有很强的休眠特性，发芽率很低。同时，其生境由于人为干扰严重，日益被破坏，野生种群数量也随之减少。本种是重要的草坪育种资源，需要加以保护。

种群现状：目前江西野生中华结缕草分布较广，但是野生种群数量相对较少，大部分见到的都为园林绿化栽培，亦有逸生，现已难以区分野生与栽培。

价值与用途：本种叶片质硬，耐践踏，宜用于铺建球场草坪或园林绿化草坪。

国家重点保护野生植物	中国生物多样性红色名录（高等植物卷）	极小种群（狭域分布）保护物种
二级	无危（LC）	否

中华结缕草 *Zoysia sinica*

六角莲 *Dysosma pleiantha* (Hance) Woodson

小檗科 Berberidaceae　鬼臼属 *Dysosma*

形态特征：多年生草本植物。植株高 20 ～ 60 cm。根状茎粗壮，横走，呈圆形结节，多须根；茎直立，单生，顶端生二叶，无毛。叶近纸质，对生，盾状，轮廓近圆形，5 ～ 9 浅裂，裂片宽三角状卵形，先端急尖，两面无毛，边缘具细刺齿；叶柄长 10 ～ 28 cm，具纵条棱，无毛。花着生于叶腋，花梗长 2 ～ 4 cm，常下弯，无毛；花紫红色，下垂；萼片 6 片；花瓣 6 ～ 9 瓣，紫红色。浆果倒卵状长圆形或椭圆形，熟时紫黑色。花期 3 ～ 6 月，果期 7 ～ 9 月。

识别要点：叶对生，盾状，两面无毛。花着生于叶腋。

分布与生境：产于江西南昌、庐山、浮梁、玉山、靖安、贵溪、黎川、资溪、井冈山、遂川、安福、上犹、崇义、寻乌等地。生于海拔 400 ～ 1400 m 的林下、山谷溪旁或阴湿溪谷草丛中。国内除江西外，亦分布于浙江、安徽、福建、河南、湖北、湖南、广东、广西、四川、台湾等地。

受威胁因素：六角莲在我国长江以南均有分布，但种群数量稀少。同时，六角莲是一种传统中药材，人为采挖严重，生境日益被破坏。

种群现状：六角莲在江西南北山区均有分布，但其种群数量比八角莲还要稀少，野外少见。

价值与用途：根状茎供药用，有散瘀解毒的功效，主治毒蛇咬伤，痈、疮、痨以及跌打损伤等；林下观赏地被。

国家重点保护野生植物	中国生物多样性红色名录（高等植物卷）	极小种群（狭域分布）保护物种
二级	易危（VU）	否

六角莲 *Dysosma pleiantha*

八角莲 *Dysosma versipellis* (Hance) M. Cheng

小檗科 Berberidaceae　鬼臼属 *Dysosma*

形态特征： 多年生草本植物。植株高 40 ～ 150 cm。根状茎粗壮，横生，多须根；茎直立，不分枝，无毛，淡绿色。茎生叶 2 枚，薄纸质，互生，盾状，近圆形，直径达 30 cm，4 ～ 9 掌状浅裂，裂片阔三角形，上面无毛，背面被柔毛，叶脉明显隆起，边缘具细齿；下部叶的柄长 12 ～ 25 cm，上部叶的柄长 1 ～ 3 cm。花梗纤细、下弯、被柔毛；花深红色，下垂；萼片 6 片；花瓣 6 瓣。浆果椭圆形。种子多数。花期 3 ～ 6 月，果期 5 ～ 9 月。

识别要点： 叶互生，盾状，背面被柔毛。花着生于近叶基或远离叶基处。

分布与生境： 产于江西柴桑、庐山、武宁、修水、乐平、浮梁、玉山、婺源、靖安、贵溪、崇仁、资溪、芦溪、井冈山、永丰、泰和、遂川、安福、永新、崇义、寻乌、石城、彭泽等地。生于海拔 250 ～ 1400 m 的山坡林下、灌丛中、溪旁阴湿处、竹林下或常绿林下。国内除江西外，亦分布于山西、浙江、安徽、河南、湖北、湖南、广东、广西、贵州、云南等地。

受威胁因素： 八角莲在我国华东、华中、华南、西南等地都有分布，但野生八角莲结实率低，种群间地理隔离造成遗传多样性交流不显著，种群数量稀少。同时，八角莲是传统的中药材，人为采挖严重，其生境日益被破坏。

种群现状： 八角莲在江西南北山区都有分布，但由于人为采挖严重，种群数量急剧减少。

价值与用途： 根状茎供药用，有散瘀解毒之功效；观赏地被。

国家重点保护野生植物	中国生物多样性红色名录（高等植物卷）	极小种群（狭域分布）保护物种
二级	易危（VU）	否

八角莲 *Dysosma versipellis*

短萼黄连 *Coptis chinensis* var. *brevisepala* W. T. Wang & P. G. Xiao

毛茛科 Ranunculaceae　黄连属 *Coptis*

形态特征：多年草本植物。根状茎黄色。叶有长柄；叶片稍带革质，卵状三角形，宽达 10 cm，三全裂，中央全裂片卵状菱形，顶端 3 或 5 对羽状深裂，在下面分裂最深，边缘生具细刺尖的锐锯齿，两面的叶脉隆起，除表面沿脉被短柔毛外，其余无毛；叶柄长 5 ～ 12 cm，无毛。花葶 1 ～ 2 条；二歧或多歧聚伞花序，有 3 ～ 8 朵花；苞片披针形，三或五羽状深裂；萼片黄绿色，较短，长约 6.5 mm，仅比花瓣长 1/3 ～ 1/5；花瓣线形或线状披针形。蓇葖果长 6 ～ 8 mm。花期 2 ～ 3 月，果期 4 ～ 6 月。

识别要点：叶全裂，两面叶脉隆起。萼片较短，长约 6.5 mm。

分布与生境：产于江西武宁、修水、广信、铅山、婺源、袁州、奉新、宜丰、靖安、贵溪、南城、黎川、宜黄、资溪、莲花、芦溪、井冈山、永丰、遂川、安福、永新、上犹、崇义、会昌、寻乌。生于海拔 500 ～ 1850 m 的山地沟边林下或山谷阴湿处。国内除江西外，亦分布于浙江、安徽、福建、广东、广西。

受威胁因素：短萼黄连由于历来与黄连同作药用，野生资源因大量采挖已日趋减少。同时，人为活动范围的扩大，使之生境日益缩减。

种群现状：短萼黄连在江西山区都有分布，但由于采挖严重，种群数量稀少，少见群落。第二次全国野生重点植物调查期间，补充发现江西 10 余个新的分布点，主要分布于偏远山区林下、山谷阴湿处的岩石上或者溪边林下草丛中，大部分散生或斑块状分布。目前庐山植物园内有引种，多年来已经逃逸为野生，生于溪边水杉林下。

价值与用途：观赏，药用。

国家重点保护野生植物	中国生物多样性红色名录（高等植物卷）	极小种群（狭域分布）保护物种
二级	濒危（EN）	否

短萼黄连 *Coptis chinensis* var. *brevisepala*

莲 *Nelumbo nucifera* Gaertn.

莲科 Nelumbonaceae　莲属 *Nelumbo*

形态特征：多年生水生草本植物。根状茎横生，肥厚，节间膨大，内有多数纵行通气孔道。叶圆形，盾状，直径 25 ～ 90 cm，全缘稍呈波状，上面光滑，具白粉，下面叶脉从中央射出，有 1 ～ 2 次叉状分枝；叶柄粗壮，圆柱形，长 1 ～ 2 m，中空，外面散生小刺。花梗也散生小刺；花瓣红色、粉红色或白色；花药条形，花丝细长；花柱极短，柱头顶生；花托（莲房）直径 5 ～ 10 cm。坚果椭圆形或卵形；种子（莲子）卵形或椭圆形。花期 6 ～ 8 月，果期 8 ～ 10 月。

识别要点：根状茎肥厚，具膨大的节间。叶圆形，盾状，表面光滑；叶柄和花梗有小刺。

分布与生境：全省各地均有栽培，未见野生。生于池塘或水田内。全国大部分地区都有栽培，少见野生。

受威胁因素：莲目前主要栽培较多，野生莲种群数量稀少。由于野生莲相对于栽培选育的莲，各方面不能满足多样的观赏要求和市场生产要求，容易被淘汰或破坏。同时，随着全球环境变化和人类活动范围的扩大，野生莲的生境遭到严重破坏，资源也濒临枯竭。

种群现状：在江西省，莲虽广泛分布，但大多属于栽培，野生莲极其稀少。目前仅见文献记载位于九江和余干的鄱阳湖水域有分布，但未见标本。

价值与用途：叶、叶柄、花托、花、雄蕊、果实、种子及根状茎均可入药；根状茎（藕）可作蔬菜，或提制淀粉（藕粉）；莲子可食用；叶为茶的代用品，又作包装材料；观赏。

国家重点保护野生植物	中国生物多样性红色名录（高等植物卷）	极小种群（狭域分布）保护物种
二级	无危（LC）	否

①生境
②植株
③花
④叶片及叶柄

长柄双花木 *Disanthus cercidifolius* subsp. *longipes* (H. T. Chang) K. Y. Pan

金缕梅科 Hamamelidaceae　双花木属 *Disanthus*

形态特征：落叶灌木。多分枝，小枝屈曲，褐色，无毛，有细小皮孔。叶膜质，宽度大于长度，阔卵圆形，长 5 ～ 8 cm，宽 6 ～ 9 cm，先端钝或为圆形，基部心形，上面绿色无光泽，背部不具灰色，无毛，掌状脉 5 ～ 7 条，全缘；叶柄长 3 ～ 5 cm，无毛。头状花序腋生，花开放时反卷；花瓣红色，狭长带形，长约 7 mm。蒴果倒卵形；果序柄较长，长 1.5 ～ 3.2 cm。种子长 4 ～ 5 mm，黑色，有光泽。花期 10 ～ 12 月。

识别要点：落叶灌木。多分枝。叶先端钝或为圆形，掌状脉。果序柄较长。

分布与生境：产于江西玉山、宜丰、铜鼓、南丰、宜黄、井冈山、遂川、永新。生于海拔 400 ～ 1460 m 的针阔混交林或者落叶阔叶林中。国内除江西外，亦分布于浙江、湖南等地。

受威胁因素：长柄双花木为中国特有的单种属植物和孑遗种，其在自然条件下坐果率比较低，分布区域比较狭窄，加之部分产地的森林被砍伐破坏，长柄双花木野生个体数量越来越少，适生区域也日渐缩减。

种群现状：长柄双花木在江西分布点较多，主要分布于罗霄山脉和武夷山脉地区。其中以玉山县三清山和宜丰县官山两处长柄双花木分布群落面积最大。除此之外，2004 年庐山植物园科学考察队在铜鼓进行科学考察时，亦发现了该种。近年来，中山大学廖文波团队在对罗霄山脉进行综合科学考察时，在遂川、永新也发现了该种有分布。

价值与用途：园林观赏。

国家重点保护野生植物	中国生物多样性红色名录（高等植物卷）	极小种群（狭域分布）保护物种
二级	近危（NT）	否

长柄双花木 *Disanthus cercidifolius* subsp. *longipes*

连香树 *Cercidiphyllum japonicum* Siebold & Zucc.

连香树科 Cercidiphyllaceae　连香树属 *Cercidiphyllum*

形态特征： 落叶大乔木。树皮灰色或棕灰色；小枝无毛，短枝在长枝上对生；芽鳞片褐色。叶：生短枝上的近圆形、宽卵形或心形，生长枝上的椭圆形或三角形，长 4 ～ 7 cm，宽 3.5 ～ 6 cm，先端圆钝或急尖，基部心形或截形，边缘有圆钝锯齿，先端具腺体，两面无毛，下面灰绿色带粉霜，掌状脉 7 条直达边缘；叶柄长 1 ～ 2.5 cm，无毛。雄花常 4 朵丛生；花丝长 4 ～ 6 mm；雌花 2 ～ 6 朵，丛生。蓇葖果 2 ～ 4 个，荚果状。花期 4 月，果期 8 月。

识别要点： 有短枝，短枝在长枝上对生。叶基部心形或截形，先端圆钝，背面被粉霜。

分布与生境： 产于江西庐山、铅山、婺源、袁州、南丰。生于海拔 600 ～ 1300 m 的溪旁与山谷疏林中。国内除江西外，亦分布于山西、浙江、安徽、河南、湖北、湖南、四川、贵州、云南、陕西、甘肃。

受威胁因素： 连香树为第三纪古热带植物的孑遗种，也是单种科植物。本种雌雄异株，野生状态下结实率低，且幼苗容易遭受自然灾害、病害等，因此野外种群更新困难，林下幼苗稀少。同时，随着森林砍伐严重，其生境遭到严重破坏，导致连香树野生种群数量锐减。

种群现状： 江西分布点有 5 处，数量极其稀少。目前仅见庐山和铅山有活体植株，剩余分布点为早期腊叶标本记录。其中庐山太乙村附近和百药潭山谷溪涧林下有分布，生于海拔 700 ～ 750 m，都为单株。

价值与用途： 用材，园林观赏，亦是研究植物地理区系重要材料。

国家重点保护野生植物	中国生物多样性红色名录（高等植物卷）	极小种群（狭域分布）保护物种
二级	无危（LC）	否

连香树 *Cercidiphyllum japonicum*

乌苏里狐尾藻 *Myriophyllum ussuriense* (Regel) Maxim.

小二仙草科 Haloragaceae　狐尾藻属 *Myriophyllum*

形态特征：多年生水生草本植物。根状茎发达，生于水底泥中。茎圆柱形，常单一不分枝，长 6 ～ 25 cm。水中茎中下部叶 4 片轮生，有时 3 片轮生，广披针形，长 5 ～ 10 mm，羽状深裂，裂片短，对生，线形，全缘；茎上部水面叶仅具 1 ～ 2 片，极小，细线状；叶柄缺；茎叶中均具簇晶体。花单生于叶腋，雌雄异株，无花梗。果圆卵形，长约 1 mm，有 4 条浅沟，表面具细疣。花期 5 ～ 6 月，果期 6 ～ 8 月。

识别要点：水生。茎不分枝。叶两型，沉水叶 4 片轮生，羽裂。水面叶 1 ～ 2 片，不裂或少裂。

分布与生境：产于江西新建、武宁、都昌。生于海拔 50 ～ 100 m 的小池塘、沼泽或浅滩。国内除江西外，亦分布于河北、吉林、黑龙江、江苏、浙江、安徽、湖北、广东、广西、云南、台湾。

受威胁因素：乌苏里狐尾藻分布范围很广，在中国南北都有分布，但野生种群数量稀少，人为干扰严重。随着工业的发展，水体污染的严重，其生境日益缩减。

种群现状：乌苏里狐尾藻在江西主要分布于鄱阳湖及周边区域，种群数量较少。目前仅在新建、武宁、都昌的池塘沼泽地有发现。

价值与用途：观赏，湿地恢复。

国家重点保护野生植物	中国生物多样性红色名录（高等植物卷）	极小种群（狭域分布）保护物种
二级	易危（VU）	否

乌苏里狐尾藻 *Myriophyllum ussuriense*

山豆根 *Euchresta japonica* Hook. f. ex Regel

豆科 Fabaceae　山豆根属 *Euchresta*

形态特征：藤状灌木。叶仅具小叶3枚；叶柄长4～5.5 cm，被短柔毛；小叶厚纸质，椭圆形，长8～9.5 cm，宽3～5 cm，先端短渐尖至钝圆，基部宽楔形，上面暗绿色，无毛，干后呈现皱纹，下面苍绿色，被短柔毛，侧脉极不明显；顶生小叶柄长0.5～1.3 cm，侧生小叶柄几无。总状花序长6～10.5 cm，花梗均被短柔毛；花冠白色，蝶形花。果序长约8 cm，荚果椭圆形，先端钝圆，具细尖，光滑，果梗长1 cm，无毛。花期6～7月，果期8～10月。

识别要点：藤状灌木。叶为3出复叶，小叶厚革质。荚果椭圆状柱形，先端钝圆。

分布与生境：产于江西宜丰、靖安、铜鼓、芦溪、井冈山、遂川、永新、寻乌。生于海拔400～1000 m的山谷或山坡密林中。国内除江西外，亦分布于浙江、湖南、广东、广西、重庆、四川、贵州。

受威胁因素：山豆根野生种群数量稀少。由于本种具有较高的药用价值，野生资源因人为采挖破坏严重，野生居群日益减少。

种群现状：目前江西山豆根分布点较少，主要集中分布于罗霄山脉，种群数量不多，野外不常见。武功山分布点较多，散生于海拔650～900 m的林下。江西南部寻乌县山谷也有两处分布，生于海拔800～1000 m的常绿阔叶林下腐殖质丰富的土壤中，数量不超过10株，极其稀少。2022年庐山植物园标本馆团队在九岭山科学考察时，发现该地亦有分布。其余产地都为标本记录。

价值与用途：药用。

国家重点保护野生植物	中国生物多样性红色名录（高等植物卷）	极小种群（狭域分布）保护物种
二级	易危（VU）	否

山豆根 *Euchresta japonica*

野大豆 *Glycine soja* Siebold & Zucc.

豆科 Fabaceae　**大豆属** *Glycine*

形态特征：一年生缠绕草本植物。茎、小枝纤细，全株疏被褐色长硬毛。叶具 3 小叶；托叶卵状披针形，急尖，被黄色柔毛。顶生小叶卵圆形或卵状披针形，长 3.5 ～ 6 cm，宽 1.5 ～ 2.5 cm，先端锐尖至钝圆，基部近圆形，全缘，两面均被绢状的糙伏毛，侧生小叶斜卵状披针形。总状花序通常短；花小，长约 5 mm；花梗密生黄色长硬毛；苞片披针形；花萼钟状，密生长毛，裂片 5；花冠淡紫红色或白色。荚果长圆形，密被长硬毛；种子 2 ～ 3 颗。花期 7 ～ 8 月，果期 8 ～ 10 月。

识别要点：全株被褐色长硬毛。叶具 3 小叶。花冠淡紫红色或白色。

分布与生境：全省各地均有分布。生于海拔 150 ～ 1000 m、潮湿的公路边、田边、沟旁、河岸、湖边、沼泽或草甸中。国内除江西外，亦分布于北京、天津、河北、山西、内蒙古、上海、江苏、浙江、安徽、福建、山东、河南、湖北、湖南、广东、广西、重庆、四川、贵州、云南、西藏、陕西、甘肃、宁夏、香港、澳门。

保护因素：野大豆在我国极为普遍，而且适应能力强，又有较强的抗逆性和繁殖能力，只有当植被遭到严重破坏时，才难以生存。在农业育种上可利用野大豆进一步培育优良的大豆品种，因此必须对其予以应有的重视，并加以保护。

种群现状：野大豆在江西分布很广，在路边荒坡上、杂草丛中、田边等都可见。

价值与用途：野大豆具有许多优良性状，如耐盐碱、抗寒、抗病等，与大豆是近缘种，而大豆是我国主要的油料及粮食作物，因此野大豆是重要的大豆育种基因资源。野大豆营养价值高，也是牛、马、羊等牲畜喜食的牧草。

国家重点保护野生植物	中国生物多样性红色名录（高等植物卷）	极小种群（狭域分布）保护物种
二级	无危（LC）	否

野大豆 *Glycine soja*

浙江马鞍树 *Maackia chekiangensis* S. S. Chien

豆科 Fabaceae　马鞍树属 *Maackia*

形态特征： 灌木或小乔木。小枝灰褐色，有白色皮孔。羽状复叶，长 17 ～ 20 cm；叶轴光滑；小叶 4 ～ 5 对，对生或近对生，卵状披针形或椭圆状卵形，长 2.5 ～ 6.3 cm，宽 1.1 ～ 2.1 cm，先端渐尖，基部楔形，边缘向下反卷，上面无毛，下面疏被淡褐色短伏毛；小叶柄长 1 ～ 2 mm。总状花序长 8 ～ 14 cm，3 枚分枝集生枝顶或腋生，总花梗被淡褐色短柔毛；花密集；花萼钟状，被贴生锈褐色柔毛；花冠白色。荚果椭圆形、卵形或长圆形，基部无果颈，腹缝有窄翅，翅宽 1 mm，外被褐色短毛；果梗长约 3 mm。花期 6 月，果期 9 月。

识别要点： 羽状复叶，小叶 4 ～ 5 对，叶下面被毛。花冠白色。荚果腹缝有宽 1 mm 的窄翅。

分布与生境： 产于江西新建、进贤、永新。生于海拔 500 m 以下的林中、湖边荒地或村庄周边灌丛中。国内除江西外，亦分布于浙江、安徽。

受威胁因素： 浙江马鞍树为中国特有树种，仅部分分布在华中地区，种群数量稀少。全国已知分布点仅有 10 余处。浙江马鞍树主要生于低海拔地区，容易遭到人为砍伐和采挖，其生境日益被破坏。

种群现状： 浙江马鞍树主模式标本 1932 年采自浙江，等模式标本来自江西南昌（凭证标本：H. H. Chung 572）。目前本种在江西的种群主要在南昌市新建区，零星分布于村庄周边或路边灌丛中；近几年来，在永新县也有发现，散生，不成群落。2022 年中南林业大学李家湘团队在南昌科学考察时，在该地河滩或湖边荒地上发现了数量较多的浙江马鞍树小群落，生长状态良好，但由于距离村庄较近，容易遭到破坏。

价值与用途： 用材，园林观赏。

国家重点保护野生植物	中国生物多样性红色名录（高等植物卷）	极小种群（狭域分布）保护物种
二级	濒危（EN）	否

浙江马鞍树 *Maackia chekiangensis*

光叶红豆 *Ormosia glaberrima* Y. C. Wu

豆科 Fabaceae　红豆属 *Ormosia*

形态特征： 常绿小乔木或乔木。树皮灰绿色，平滑。小枝绿色，有锈褐色毛，老则脱落；芽有褐色毛。奇数羽状复叶；叶轴无沟槽，幼时有黄褐色绢毛，后脱落；小叶 2 ～ 3 对，革质或薄革质，卵形或椭圆状披针形，长 4 ～ 9.5 cm，宽 1.4 ～ 3.6 cm，先端渐尖，钝或微凹，基部圆，两面均无毛，侧脉 9 ～ 10 对。圆锥花序顶生或腋生。荚果扁平，两端急尖，顶端有短而略弯的喙，果瓣黑色，木质，无毛，有种子 1 ～ 4 粒；种子扁圆形或长圆形；种皮鲜红色。花期 6 月，果期 10 月。

识别要点： 树皮灰绿色。奇数羽状复叶。小叶 2 ～ 3 对，两面无毛。荚果木质。

分布与生境： 产于江西井冈山、崇义、寻乌。生于海拔 200 ～ 800 m 的河边、山坡或山谷林内。国内除江西外，亦分布于江苏、浙江、福建、湖北、湖南、广西、重庆、四川、贵州、云南、陕西、甘肃。

受威胁因素： 光叶红豆种群数量稀少，随着人为活动的增加，其生境退化严重，加之被砍伐偷盗，急需加以保护。

种群现状： 光叶红豆主要分布在江西的南部地区，零星分布于常绿阔叶林中，数量稀少，未见到群落。寻乌地区本种有少量分布，生于常绿阔叶林下，主要伴生优势树种有鹿角锥 *Castanopsis lamontii* Hance、青榨槭 *Acer davidii* Franch.、栲 *Castanopsis fargesii* Franch. 等。

价值与用途： 优质用材，园林观赏。

国家重点保护野生植物	中国生物多样性红色名录（高等植物卷）	极小种群（狭域分布）保护物种
二级	易危（VU）	否

光叶红豆 *Ormosia glaberrima*

花榈木 *Ormosia henryi* Prain

豆科 Fabaceae　红豆属 *Ormosia*

形态特征：常绿乔木。树皮灰绿色，平滑，有浅裂纹。小枝、叶轴、花序密被茸毛。奇数羽状复叶；小叶 2 ～ 4 对，革质，椭圆形或长圆状椭圆形，先端钝或短尖，基部圆或宽楔形，叶缘微反卷，上面深绿色，光滑无毛，下面及叶柄均密被黄褐色茸毛，侧脉 6 ～ 11 对；小叶柄长 3 ～ 6 mm。圆锥花序顶生，或总状花序腋生，密被淡褐色茸毛。荚果扁平，长椭圆形，顶端有喙，果颈长约 5 mm，果瓣革质，有种子 4 ～ 8 粒，稀 1 ～ 2 粒；种子椭圆形或卵形，种皮鲜红色，有光泽。花期 7 ～ 8 月，果期 10 ～ 11 月。

识别要点：小枝、叶轴、花序、叶背面密被茸毛。奇数羽状复叶。

分布与生境：产于江西安义、濂溪、柴桑、修水、都昌、昌江、乐平、浮梁、广丰、广信、德兴、玉山、横峰、弋阳、婺源、袁州、丰城、奉新、万载、宜丰、靖安、铜鼓、贵溪、黎川、南丰、宜黄、金溪、资溪、广昌、渝水、分宜、莲花、芦溪、井冈山、吉安、峡江、永丰、遂川、安福、永新、赣县、瑞金、龙南、信丰、大余、上犹、崇义、安远、全南、宁都、于都、兴国、会昌、寻乌、石城、新建、彭泽、永修。生于海拔 100 ～ 1300 m 的山坡、溪谷两旁杂木林内。国内除江西外，亦分布于浙江、安徽、福建、湖北、湖南、广东、重庆、四川、贵州、云南。

受威胁因素：花榈木分布比较广，但随着人为活动的增加，其生境退化严重，加之被砍伐偷盗，急需加以保护。

种群现状：花榈木在江西省山区各地都有分布，较为常见，生长速度较慢，少见大树。本种一般不形成居群，而是零星或者散生于常绿阔叶林、落叶阔叶林中或林缘边上。

价值与用途：优质用材，园林观赏。

国家重点保护野生植物	中国生物多样性红色名录（高等植物卷）	极小种群（狭域分布）保护物种
二级	易危（VU）	否

花榈木 *Ormosia henryi*

红豆树 *Ormosia hosiei* Hemsl. & E. H. Wilson

豆科 Fabaceae　红豆属 *Ormosia*

形态特征：常绿或落叶乔木。树皮灰绿色，平滑。小枝绿色，幼时有黄褐色细毛，后变光滑；冬芽有褐黄色细毛。奇数羽状复叶；小叶 2 ～ 4 对，薄革质，卵形或卵状椭圆形，稀近圆形，长 3 ～ 10.5 cm，宽 1.5 ～ 5 cm，先端急尖或渐尖，基部圆形或阔楔形，上面深绿色，下面淡绿色，幼叶疏被细毛，老则脱落无毛或仅下面中脉有疏毛，侧脉 8 ～ 10 对，干后侧脉和细脉均明显凸起成网格。圆锥花序顶生或腋生，花冠白色或淡紫色。荚果近圆形，扁平，先端有短喙，果瓣近革质，有种子 1 ～ 2 粒；种子种皮红色。花期 4 ～ 5 月，果期 10 ～ 11 月。

识别要点：小叶 2 ～ 4 对，两面近无毛。荚果近圆形，果瓣近革质，种子 1 ～ 2 粒。

分布与生境：产于江西黎川、南丰、资溪、广昌、寻乌。生于海拔 200 ～ 1350 m 的河边、山坡、山谷林内。国内除江西外，亦分布于江苏、浙江、福建、湖北、湖南、广西、重庆、四川、贵州、云南、陕西、甘肃。

受威胁因素：红豆树种群数量稀少。随着人为活动的增加，其生境退化严重。同时，红豆树经济价值高，是优质的用材树种，被砍伐偷盗严重，急需加以保护。

种群现状：红豆树主要分布于江西的东南部山区，零星或散生于常绿阔叶林下，种群数量极少，多为标本记录。

价值与用途：庭院绿化树种，木材可作木雕及高级家具等用材，根及种子可入药。

国家重点保护野生植物	中国生物多样性红色名录（高等植物卷）	极小种群（狭域分布）保护物种
二级	濒危（EN）	否

红豆树 *Ormosia hosiei*

软荚红豆 *Ormosia semicastrata* Hance

豆科 Fabaceae　红豆属 *Ormosia*

形态特征：常绿乔木或小乔木。树皮褐色。小枝具黄色柔毛。奇数羽状复叶；小叶 1 ～ 2 对，革质，卵状长椭圆形或椭圆形，长 4 ～ 14.2 cm，宽 2 ～ 5.7 cm，先端渐尖或急尖，钝头或微凹，基部圆形或宽楔形，两面无毛或有时下面有白粉，沿中脉被柔毛，侧脉 10 ～ 11 对；叶轴、叶柄及小叶柄有灰褐色柔毛，后渐尖脱落。圆锥花序顶生；总花梗、花梗均密被黄褐色柔毛；花小，花萼钟状，外面密被锈褐色茸毛；花冠白色。荚果小，革质，近圆形，顶端具短喙，有种子 1 粒；种子扁圆形，鲜红色。花期 4 ～ 5 月。

识别要点：树皮褐色。小叶 1 ～ 2 对，两面无毛。荚果近圆形，有种子 1 粒。

分布与生境：产于江西井冈山、龙南、大余、崇义、全南、寻乌。生于海拔 250 ～ 900 m 的山坡地、路旁、山谷阔叶林中或林缘边。国内除江西外，亦分布于福建、湖南、广东、广西、海南、贵州、香港、澳门。

受威胁因素：软荚红豆种群数量稀少。随着人为活动的增加，其生境退化严重，加之被砍伐偷盗，急需加以保护。

种群现状：软荚红豆主要分布于江西的南部地区，生于常绿阔叶林中或者林缘边，数量极其稀少。其中以寻乌县分布点较多，生长状态良好；其余产地大部分为零星或散生生长。

价值与用途：优质用材，园林观赏。

国家重点保护野生植物	中国生物多样性红色名录（高等植物卷）	极小种群（狭域分布）保护物种
二级	无危（LC）	否

软荚红豆 *Ormosia semicastrata*

苍叶红豆 *Ormosia semicastrata* f. *pallida* F. C. How

豆科 Fabaceae　红豆属 *Ormosia*

形态特征： 常绿乔木或小乔木。树皮青褐色。小枝具黄色柔毛。奇数羽状复叶；小叶 3 ～ 4 对，革质，叶片长椭圆状披针形或倒披针形，长 4 ～ 10 cm，宽 1 ～ 3.5 cm，先端渐尖或急尖，钝头或微凹，基部楔形或稍钝，两面无毛或有时下面有白粉，沿中脉被柔毛，侧脉 10 ～ 11 对；叶轴、叶柄及小叶柄有灰褐色柔毛，后渐尖脱落。圆锥花序顶生；总花梗、花梗均密被黄褐色柔毛；花冠白色。荚果小，革质，近圆形，顶端具短喙，有种子 1 粒；种子扁圆形，鲜红色。花期 4 ～ 5 月。

识别要点： 树皮青褐色。小叶 3 ～ 4 对，叶片长椭圆状披针形或倒披针形。

分布与生境： 产于江西井冈山、大余、上犹、崇义、全南、寻乌、南昌。生于海拔 100 ～ 800 m 的常绿阔叶林内或林缘边。国内除江西外，亦分布于湖南、广东、广西、海南、贵州。

受威胁因素： 苍叶红豆种群数量稀少。随着人为活动的增加，其生境退化严重。同时，苍叶红豆经济价值高，是优质的用材树种，被砍伐偷盗严重，急需加以保护。

种群现状： 苍叶红豆主要分布在江西的南部山区。其中已知的分布点中，崇义县和大余县交界处分布点较多，零星或散生于常绿阔叶林中或湿润的河谷或水库两侧，其余产地仅见早期标本。另外上犹、陡水湖风景区也有分布，生于海拔 211 m 的山谷常绿阔叶林中（凭证标本：旷仁平 LXP03-06287）。

价值与用途： 优质用材，园林绿化。

国家重点保护野生植物	中国生物多样性红色名录（高等植物卷）	极小种群（狭域分布）保护物种
二级	无危（LC）	否

苍叶红豆 *Ormosia semicastrata* f. *pallida*

木荚红豆 *Ormosia xylocarpa* Chun ex H. Y. Chen

豆科 Fabaceae　红豆属 *Ormosia*

形态特征：常绿乔木。树皮灰色或棕褐色，平滑。枝密被紧贴的褐黄色短柔毛。奇数羽状复叶，叶柄及叶轴被黄色短柔毛或疏毛；小叶 2 ～ 3 对，厚革质，长椭圆形或长椭圆状倒披针形，长 3 ～ 14 cm，宽 1.3 ～ 5.3 cm，先端钝圆或急尖，基部楔形或宽楔形，边缘微向下反卷，上面无毛；小叶柄上面有沟槽，密被短毛。圆锥花序顶生，被短柔毛；花冠白色或粉红色。荚果倒卵形至长椭圆形或菱形，果瓣厚木质，有种子 1 ～ 5 粒，种皮红色。花期 6 ～ 7 月，果期 10 ～ 11 月。

识别要点：树皮灰色。小叶 2 ～ 3 对，厚革质。果瓣厚木质，种子 1 ～ 5 粒。

分布与生境：产于江西宜丰、资溪、莲花、井冈山、遂川、瑞金、信丰、龙南、大余、崇义、全南、会昌、寻乌、石城。生于海拔 230 ～ 1400 m 的山坡、山谷、路边、溪边疏林或密林中。国内除江西外，亦分布于福建、湖南、广东、广西、海南、贵州。

受威胁因素：随着人为活动的增加，木荚红豆的生境退化严重。同时，木荚红豆经济价值高，是优质的用材树种，被砍伐偷盗严重，急需加以保护。

种群现状：木荚红豆主要分布在江西的南部山区，零星或散生于常绿阔叶林中或溪谷林缘边，分点和个体数量相对较多，在自然保护区内保护较好，保护区之外其他分布点都有人为干扰的痕迹。

价值与用途：优质用材，园林绿化，根及种子入药。

国家重点保护野生植物	中国生物多样性红色名录（高等植物卷）	极小种群（狭域分布）保护物种
二级	无危（LC）	否

木荚红豆 *Ormosia xylocarpa*

长序榆 *Ulmus elongata* L. K. Fu & C. S. Ding

榆科 Ulmaceae　**榆属** *Ulmus*

形态特征：落叶乔木。树皮灰白色，裂成不规则片状脱落。叶椭圆形或披针状椭圆形，长 7 ～ 19 cm，宽 3 ～ 8 cm，基部微偏斜或近对称，楔形或圆钝，叶面不粗糙或微粗糙，边缘具大而深的重锯齿，锯齿先端尖而内曲，外侧具 2 ～ 5 小齿，侧脉每边 16 ～ 30 条；叶柄长 3 ～ 11 mm，全被短柔毛或仅上面有毛。花春季开放，在上年生枝上排成总状聚伞花序，花序轴明显伸长，下垂，有疏生毛。翅果窄长，两端渐窄而尖，似梭形，两面有疏毛，边缘密生白色长睫毛。

识别要点：叶常为披针状椭圆形，边缘具重锯齿。花序轴长，下垂。翅果边缘具长睫毛。

分布与生境：产于江西武宁、广丰、婺源、铜鼓、贵溪、黎川、芦溪、寻乌。生于海拔 400 ～ 1200 m 的常绿阔叶林中。国内除江西外，亦分布于浙江、安徽、福建、湖南。

受威胁因素：长序榆种群分布范围狭窄，主要分布于华东地区。其野外种群数量非常稀少，仅零星分布于 5 省，天然更新速度缓慢，生长环境受人为干扰，被砍伐偷盗严重。

种群现状：长序榆在江西分布点较多，南北均有产，但种群个体数量稀少。2022 年庐山植物园和赣南师范大学团队在武功山联合科学考察期间，在自然保护区内也发现了该种，生于海拔 1100 m 的常绿落叶阔叶混交林内。

价值与用途：园林观赏。

国家重点保护野生植物	中国生物多样性红色名录（高等植物卷）	极小种群（狭域分布）保护物种
二级	濒危（EN）	是

长序榆 *Ulmus elongata*

大叶榉树 *Zelkova schneideriana* Hand.-Mazz.

榆科 Ulmaceae　榉属 *Zelkova*

形态特征：乔木。树皮灰褐色至深灰色，呈不规则的片状剥落；当年生枝密生伸展的灰色柔毛；冬芽常 2 个并生。叶厚纸质，大小形状变异很大，卵形至椭圆状披针形，长 3 ～ 10 cm，宽 1.5 ～ 4 cm，先端渐尖，尾状渐尖或锐尖，基部稍偏斜，圆形、宽楔形、稀浅心形，叶面绿，干后深绿至暗褐色，被糙毛，叶背浅绿，密被柔毛，边缘具圆齿状锯齿，侧脉 8 ～ 15 对；叶柄粗短，长 3 ～ 7 mm，被柔毛。雄花 1 ～ 3 朵簇生于叶腋；雌花或两性花常单生于小枝上部叶腋。核果几乎无梗，淡绿色，斜卵状圆锥形，上面偏斜，凹陷。花期 4 月，果期 9 ～ 11 月。

识别要点：当年生枝密生灰色柔毛。叶面被糙毛，背面密被柔毛，边缘具圆齿状锯齿。

分布与生境：产于江西庐山、广丰、婺源、铜鼓、黎川、分宜、芦溪、寻乌、石城、彭泽。生于海拔 200 ～ 900 m 的溪间水旁或山坡土层较厚的疏林中。国内除江西外，亦分布于江苏、浙江、安徽、福建、河南、湖北、湖南、广东、广西、四川、贵州、云南、西藏、陕西、甘肃等地。

受威胁因素：大叶榉树分布范围很广，但因是优质的珍贵用材树种，导致其野生资源遭到破坏性的砍伐和偷盗。同时，其生境也因人类活动范围的扩大而日渐萎缩。

种群现状：江西野生大叶榉树资源分布点相对较多，但是数量稀少，少见群落。

价值与用途：优质用材；彩叶树种，可用于园林观赏；树皮可入药。

国家重点保护野生植物	中国生物多样性红色名录（高等植物卷）	极小种群（狭域分布）保护物种
二级	近危（NT）	否

大叶榉树 *Zelkova schneideriana*

长穗桑 *Morus wittiorum* Hand.-Mazz.

桑科 Moraceae　桑属 *Morus*

形态特征：落叶乔木或小乔木。高 4 ～ 12 m。树皮皮孔明显。叶纸质，长圆形至宽椭圆形，长 8 ～ 12 cm，宽 5 ～ 9 cm，两面无毛，或幼时叶背有短柔毛，边缘上部具全缘或具粗浅牙齿，先端尖尾状，基部圆形或宽楔形，基生叶脉三出；叶柄长 1.5 ～ 3.5 cm。花雌雄异株，穗状花序具柄；雄花序腋生，总花梗短；雌花序长 9 ～ 15 cm，总花梗长 2 ～ 3 cm。聚花果狭圆筒形，长 10 ～ 16 cm，核果卵圆形。花期 4 ～ 5 月，果期 5 ～ 6 月。

识别要点：乔木。树皮皮孔明显。基生叶脉三出。聚花果长 10 ～ 16 cm。

分布与生境：产于江西龙南、信丰、崇义、安远、全南、会昌、寻乌。生于海拔 200 ～ 800 m 的山坡疏林中、山谷沟边或林下溪边。国内除江西外，亦分布于湖北、湖南、广东、广西、贵州。

受威胁因素：长穗桑在中国主要分布于南岭山地，种群数量稀少，野外极少见，是桑葚育种的重要野生基因资源。因其果穗较长，野生资源被采挖严重，生境也日益退化。同时，本种野外病虫害较多，急需加以保护。

种群现状：长穗桑在江西主要分布于南部地区，已知分布点有 7 处，大多在保护区内。

价值与用途：长穗桑是水果桑葚的育种材料，其果实可食用、酿酒、制作饮料，也可以入药。

国家重点保护野生植物	中国生物多样性红色名录（高等植物卷）	极小种群（狭域分布）保护物种
二级	无危（LC）	否

长穗桑 *Morus wittiorum*

尖叶栎 *Quercus oxyphylla* (E. H. Wilson) Hand.-Mazz.

壳斗科 Fagaceae　栎属 *Quercus*

形态特征：常绿乔木。树皮黑褐色，纵裂；小枝密被苍黄色星状茸毛，常有细纵棱。叶片卵状披针形、长圆形或长椭圆形，长 5 ～ 12 cm，宽 2 ～ 6 cm，顶端渐尖或短渐尖，基部圆形或浅心形，叶缘上部有浅锯齿或全缘，幼叶两面被星状茸毛，老时仅叶背被毛，侧脉每边 6 ～ 12 条；叶柄长 0.5 ～ 1.5 cm，密被苍黄色星状毛。壳斗杯形，包着坚果约 1/2；小苞片线状披针形，先端反曲。坚果长椭圆形或卵形。花期 5 ～ 6 月，果期翌年 9 ～ 10 月。

识别要点：小枝、叶背被星状茸毛，叶中上部有锯齿，基部圆形或浅心形。

分布与生境：产于江西浮梁、婺源。生于海拔 200 ～ 700 m 的山坡、山谷地带及山顶阳处或疏林中。国内除江西外，亦分布于浙江、安徽、福建、湖北、湖南、广西、四川、贵州、陕西、甘肃。

受威胁因素：尖叶栎在中国分布较广，但由于生境的退化和人为活动的增加，加之乱砍滥伐，导致种群数量减少。

种群现状：尖叶栎在江西分布较少，仅见于江西东北部地区，种群数量稀少。

价值与用途：用材，园林绿化。

国家重点保护野生植物	中国生物多样性红色名录（高等植物卷）	极小种群（狭域分布）保护物种
二级	濒危（EN）	否

尖叶栎 *Quercus oxyphylla*

永瓣藤 *Monimopetalum chinense* Rehder

卫矛科 Celastraceae　永瓣藤属 *Monimopetalum*

形态特征：藤本灌木。小枝稍 4 棱，基部常有多数宿存芽鳞。叶互生，纸质，卵形，窄卵形，间有长方卵形或椭圆形，长 5 ～ 9 cm，宽 1.5 ～ 5 cm，先端长渐尖至短渐尖或近急尖，基部圆形或阔楔形，边缘有浅细锯齿，锯齿端常呈纤毛状，侧脉 4 ～ 5 对，纤细不显；叶柄细长，长 8 ～ 12 mm；托叶细丝状，长 5 ～ 6 mm，宿存。聚伞花序 2 ～ 3 次分枝；花小，直径 3 ～ 4 mm，淡绿色；花萼 4 浅裂。蒴果 4 深裂，常只 2 室成熟。花期 4 ～ 5 月，果期 9 ～ 10 月。

识别要点：落叶藤本灌木。小枝具棱。叶缘具纤毛状细齿。蒴果 4 裂。

分布与生境：产于江西安义、武宁、永修、浮梁、广丰、德兴、玉山、婺源、奉新、靖安、铜鼓、贵溪。生于海拔 150 ～ 1000 m 的山坡、路边及山谷杂林中。国内除江西外，亦分布于安徽、湖北。

受威胁因素：永瓣藤种群分布范围狭窄，仅在九岭山脉、湖北和江西交界的幕阜山脉，以及赣东北和皖南交界的山区有分布。本种野外数量较少，自我更新能力差，胚珠败育率高，种子萌发困难，种子生活力低，对环境适应能力差，不易繁殖。随着人为活动范围的扩大，永瓣藤的生境进一步退化或丧失。

种群现状：永瓣藤在江西主要分布于西北部和东北部山区，种群数量相对稳定。

价值与用途：可药用，亦用于卫矛科植物系统演化研究。

国家重点保护野生植物	中国生物多样性红色名录（高等植物卷）	极小种群（狭域分布）保护物种
二级	无危（LC）	否

永瓣藤 *Monimopetalum chinense*

细果野菱（野菱）*Trapa incisa* Siebold & Zucc.

千屈菜科 Lythraceae　菱属 *Trapa*

形态特征：一年生浮水水生草本植物。根二型：着泥根细铁丝状，着生水底泥中；同化根，羽状细裂，裂片丝状、淡绿褐色或深绿褐色。叶二型：浮水叶互生，聚生在主茎和分枝茎顶，在水面形成莲座状菱盘，叶片较小，斜方形或三角状菱形，边缘中上部有缺刻状的锐锯齿；沉水叶小，早落。叶柄中上部稍膨大。花小，单生于叶腋，花梗细，无毛；花瓣4瓣，白色。果三角形，4刺角细长。花期5～10月，果期7～11月。

识别要点：浮水草本植物。叶三角状菱形，叶柄中上部稍膨大。果刺角细长。

分布与生境：产于江西南昌、进贤、濂溪、彭泽、瑞昌、庐山、德安、都昌、鄱阳、婺源、贵溪、金溪、临川、井冈山。生于湖泊、池塘、溪边、水田或沼泽浅滩。国内除江西外，亦分布于河北、辽宁、吉林、黑龙江、江苏、浙江、福建、河南、湖北、湖南、广东、海南、四川、贵州、云南、陕西、台湾。

受威胁因素：细果野菱从南到北都有分布，是重要的经济植物。随着工业污染的加剧、生活废水的排放和人为的采集，细果野菱的生境日益遭到破坏和污染，其种群数量锐减。

种群现状：细果野菱在江西分布较广，以鄱阳湖为中心的周边县市都有分布，主要生于湖边、浅滩和池塘。鄱阳湖及周边湖泊中的细果野菱种群数量会随雨季的水位而变化。池塘和周边浅滩容易因居民排放的生活污水富营养化，导致细果野菱种群数量下降。

价值与用途：果实含淀粉，加工后可食用，亦可供食用酿酒；全株可作饲料；菱实及菱的根、茎、叶可入药。

国家重点保护野生植物	中国生物多样性红色名录（高等植物卷）	极小种群（狭域分布）保护物种
二级	数据缺乏（DD）	否

细果野菱（野菱）*Trapa incisa*

伞花木 *Eurycorymbus cavaleriei* (H. Lév.) Rehder & Hand.-Mazz.

无患子科 Sapindaceae **伞花木属** *Eurycorymbus*

形态特征：落叶乔木。树皮灰色；小枝圆柱状，被短茸毛。偶数羽状复叶；叶连柄长 15 ～ 45 cm，叶轴被皱曲柔毛；小叶 4 ～ 10 对，近对生，薄纸质，长圆状披针形或长圆状卵形，长 7 ～ 11cm，宽 2.5 ～ 3.5 cm，顶端渐尖，基部阔楔形，腹面仅中脉上被毛，背面近无毛或沿中脉两侧被微柔毛；侧脉纤细而密；小叶柄长约 1 cm。花序半球状，稠密而极多花，主轴和呈伞房状排列的分枝均被短茸毛；花瓣长约 2 mm，外面被长柔毛。蒴果的发育果爿被茸毛；种子黑色，种脐朱红色。花期 5 ～ 6 月，果期 10 月。

识别要点：小枝、果实、花序轴、叶轴、叶背中脉被毛。羽状复叶。

分布与生境：产于江西宜丰、广昌、安福、永新、龙南、信丰、大余、崇义、全南、会昌、寻乌。生于海拔 200 ～ 800 m 处的阔叶林中。国内除江西外，亦分布于福建、湖北、湖南、广东、广西、四川、贵州、云南、台湾。

受威胁因素：伞花木为中国特有的单种属植物，是珍贵的用材。随着人们对野外资源过度砍伐，其种群数量日益减少。同时，伞花木为雌雄异株植物，成年树种数量过少难以维持正常的繁殖力。

种群现状：伞花木在江西主要分布于南部地区，最北在罗霄山脉北段宜丰有分布。本种数量极少，不形成群落，大部分都在保护区内和人迹少见的偏远山区。其中寻乌分布点较多，虽然个体较为分散，但每个点的种群数量比较稳定，大多都是封山育林后，从土壤种子库中重新生长起来的。

价值与用途：伞花木为第三纪残遗于中国的特有单种属植物，对研究植物区系和无患子科的系统发育有重要的科学价值，同时也是优质用材。

国家重点保护野生植物	中国生物多样性红色名录（高等植物卷）	极小种群（狭域分布）保护物种
二级	无危（LC）	否

伞花木 *Eurycorymbus cavaleriei*

山橘 *Fortunella hindsii* (Champ. ex Benth.) Swingle

芸香科 Rutaceae　金橘属 *Fortunella*

形态特征：灌木或小乔木。高 1 ～ 4 m，茎上多枝刺。单小叶或有时兼有少数单叶，叶翼线状或明显；小叶片椭圆形或倒卵状椭圆形，长 4 ～ 6 cm，宽 1.5 ～ 3 cm，顶端圆，稀短尖或钝，基部圆或宽楔形，近顶部的叶缘有细裂齿；叶柄长 6 ～ 9 mm。花单生及少数簇生于叶腋，花梗甚短；花萼 5 或 4 浅裂；花瓣 5 瓣；子房 3 ～ 4 室。果圆球形或稍呈扁圆形，横径稀超过 1 cm；果皮橙黄或朱红色，平滑；种子 1 ～ 4 粒。花期 4 ～ 5 月，果期 10 ～ 12 月。

识别要点：单生复叶。小叶顶端圆或有时狭而钝。叶柄长不超过 1 cm；果横径 8 ～ 10 mm。

分布与生境：产于江西南丰、永丰、大余、寻乌、崇义、安远、信丰、于都、全南、龙南。生于海拔 100 ～ 820 m 的山地疏林、灌丛或常绿阔叶林中。国内除江西外，亦分布于福建、湖南、广东、广西。

受威胁因素：山橘是柑橘类经济植物重要的育种资源。同时，山橘有很好的食用价值和药用价值，野生资源容易遭到采挖和破坏，野外种群数量日益减少。

种群现状：山橘主要分布于南岭山地，江西主要产于赣南地区，零星分布于常绿阔叶林、疏林或山地灌丛中，不形成群落。其中在寻乌、安远、信丰等地山区分布较广，当地村民亦有栽培。

价值与用途：重要的育种资源，果实可食用和入药，亦可观赏。

国家重点保护野生植物	中国物种红色名录（植物部分）	极小种群（狭域分布）保护物种
二级	无危（LC）	否

山橘 *Fortunella hindsii*

金豆 *Fortunella venosa* (Champ. ex Benth.) Huang

芸香科 Rutaceae　金橘属 *Fortunella*

形态特征：灌木。高 1 ～ 1.5 m。枝干上的刺长 1 ～ 3 cm，花枝上的刺长不及 5 mm。单叶，叶片椭圆形，通常长 2 ～ 4 cm，宽 1 ～ 1.5 cm，顶端圆或钝，稀短尖，基部短尖，全缘，中脉在叶面稍隆起；叶柄长 1 ～ 3 mm。单花腋生，常位于叶柄与刺之间；花萼杯状，裂片三角形；花瓣白色，长 3 ～ 4 mm。果圆或椭圆形，横径 6 ～ 8 mm，果顶稍浑圆；果皮透熟时橙红色，有种子 2 ～ 4 粒；种子阔卵形或扁圆形，平滑无棱。花期 4 ～ 5 月，果期 11 月至翌年 1 月。

识别要点：单叶，叶柄长不超过 5 mm。果径不及 1 cm。

分布与生境：产于江西永丰、上犹、崇义。生于海拔 600 m 以下的山地疏林、灌丛、常绿阔叶林中或林缘边。国内除江西外，亦分布于福建、湖南。

受威胁因素：金豆是柑橘类经济植物重要的育种资源。同时，金豆有很好的食用价值和药用价值，野外资源极其稀少，分布区域狭窄。目前全国已知分布点不超过 10 个，加之野生资源容易遭到采挖和破坏，急需加以保护。

种群现状：金豆主要分布于南岭山地北坡中段，江西仅有 3 个分布点，零星分布于常绿阔叶林缘边、山地疏林或灌丛中。本种容易与山橘混淆，区别点在于山橘具单生复叶，金豆为单叶。金豆种群数量远小于山橘，野外极其稀少，最早记载为永丰有分布；2006 年原赣南师范学院刘仁林教授在上犹发现了 1 株个体，生于海拔 600 m 左右的山地灌丛中；2018 年齐云山国家级自然保护区职工卢建工程师在崇义发现了 3 株个体。

价值与用途：重要的育种资源，果实可食用、入药及观赏。

国家重点保护野生植物	中国物种红色名录（植物部分）	极小种群（狭域分布）保护物种
二级	易危（VU）	否

金豆 *Fortunella venosa*

红椿（毛红椿）*Toona ciliata* M. Roem.

楝科 Meliaceae　香椿属 *Toona*

形态特征： 大乔木。高可达 20 m。小枝初时被柔毛，渐变无毛。叶为偶数或奇数羽状复叶，长 25 ～ 40 cm，通常有小叶 7 ～ 8 对；叶柄长约为叶长的 1/4，圆柱形；小叶对生或近对生，纸质，长圆状卵形或披针形，长 8 ～ 15 cm，宽 2.5 ～ 6 cm，先端尾状渐尖，基部一侧圆形，另一侧楔形，不等边，边全缘，两面均无毛或仅背面脉腋内有毛或被短柔毛，脉上尤甚，侧脉每边 12 ～ 18 条，背面凸起；小叶柄长 5 ～ 13 mm。圆锥花序顶生，被短硬毛或近无毛；花瓣 5 瓣，白色，长圆形。蒴果长椭圆形，木质；种子两端具翅，翅扁平，膜质。花期 4 ～ 6 月，果期 10 ～ 12 月。

识别要点： 羽状复叶。小叶 7 ～ 8 对，全缘。蒴果木质，种子具翅。

分布与生境： 产于江西庐山、武宁、修水、广丰、铅山、宜丰、靖安、铜鼓、黎川、宜黄、资溪、井冈山、安福、龙南、信丰、大余、上犹、崇义、安远、石城。生于海拔 200 ～ 900 m 的沟谷疏林中或阔叶落叶混交林内、林缘边。国内除江西外，亦分布于湖北、湖南、广东、海南、四川、贵州、云南。

受威胁因素： 红椿是珍贵的用材树种，虽然野外资源分布很广，但种群数量少。随着野外生境的破坏、人为开发和砍伐过度，其种群数量急剧减少。同时，红椿天然更新速度较慢，其分布区不断缩小，呈现间断分布，少见群落。

种群现状： 红椿在江西分布很广，南北都有分布，但主要集中分布于保护区内和偏远山区，野外少见较大的居群，比较分散，一半生于沟谷、河边疏林中，大树较多，幼苗较少，自然状态下更新能力较弱。

价值与用途： 良好的用材树种。

国家重点保护野生植物	中国生物多样性红色名录（高等植物卷）	极小种群（狭域分布）保护物种
二级	近危（NT）	否

红椿（毛红椿）*Toona ciliata*

伯乐树 *Bretschneidera sinensis* Hemsl.

叠珠树科 Akaniaceae　伯乐树属 *Bretschneidera*

形态特征：乔木。高 10 ～ 20 m。树皮灰白褐色。羽状复叶，总轴有疏短柔毛或无毛；小叶 5 ～ 8 对，纸质或革质，叶长椭圆形，基部多少偏斜，长 6 ～ 26 cm，宽 3 ～ 9 cm，全缘，叶面无毛，叶背粉绿色或灰白色，有短柔毛。总状花序长 20 ～ 36 cm；花淡红色。果椭圆球形，近球形或阔卵形，被柔毛；种子椭圆球形，平滑，成熟时长约 1.8 cm，直径约 1.3 cm。花期 3 ～ 9 月，果期 5 月至翌年 4 月。

识别要点：羽状复叶。小叶 5 ～ 8 对，叶背粉绿色或灰白色。总状花序，花粉红色。蒴果被毛。

分布与生境：分布于江西武宁、修水、永修、广丰、广信、铅山、袁州、宜丰、靖安、铜鼓、贵溪、黎川、宜黄、金溪、资溪、广昌、芦溪、井冈山、永丰、遂川、安福、永新、赣县、龙南、信丰、大余、上犹、崇义、安远、全南、寻乌、石城。生于 200 ～ 1750 m 的山地林中、沟谷或山谷两侧山坡上。国内除江西外，亦分布于浙江、福建、湖北、湖南、广东、广西、四川、贵州、云南、台湾。

受威胁因素：伯乐树分布较广，但种群数量极其稀少，仅零星分布于亚热带低山至中山地带，不形成群落。同时，该种对生长环境要求较高，野外极少见到。伯乐树种子胚乳丰富，容易遭到啮齿类动物啃食，种子发芽后幼苗死亡率极高，再加上长期以来因生态环境破坏导致结实变少，天然更新困难，急需加以保护。

种群现状：伯乐树分布点较多，江西南北山区均有分布，但野外不形成群落，多见成年大树，幼苗和幼树少见。

价值与用途：观赏，优良用材树种，可作为研究被子植物的系统发育和古地理、古气候等方面的重要材料。

国家重点保护野生植物	中国生物多样性红色名录（高等植物卷）	极小种群（狭域分布）保护物种
二级	近危（NT）	否

伯乐树 *Bretschneidera sinensis*

金荞麦 *Fagopyrum dibotrys* (D. Don) Hara

蓼科 Polygonaceae　荞麦属 *Fagopyrum*

形态特征：多年生草本植物。根状茎木质化，黑褐色。茎直立，高 0.5 ～ 1 m，分枝，具纵棱，无毛。叶三角形，长 4 ～ 12 cm，宽 3 ～ 11 cm，顶端渐尖，基部近戟形，边缘全缘，两面具乳头状突起或被柔毛；叶柄长可达 10 cm；托叶鞘筒状，膜质，褐色，无缘毛。花序伞房状，顶生或腋生；花被 5 深裂，白色，花被片长椭圆形；雄蕊 8 枚；花柱 3 枚。瘦果宽卵形，具 3 锐棱，长 6 ～ 8 mm，黑褐色，无光泽。花期 7 ～ 9 月，果期 8 ～ 10 月。

识别要点：叶三角形。叶柄具膜质筒状托叶鞘，无缘毛。花白色。种子具 3 棱。

分布与生境：江西全省均有分布。生于海拔 200 ～ 1100 m 的山谷湿地、山坡灌丛、林缘或路边。国内除江西外，亦分布于江苏、浙江、安徽、福建、河南、湖北、广东、广西、重庆、四川、贵州、云南、西藏、陕西、甘肃。

受威胁因素：金荞麦在我国分布很广，因具有特殊的药用价值，加剧了其野生资源被破坏性采挖和偷盗，种群数量急剧减少。

种群现状：金荞麦在江西分布很广，各地都有产。本种对生长环境要求较低，所以比较常见，呈斑块状分布，极少连续，喜欢湿润的环境。

价值与用途：金荞麦有清热解毒、排脓祛瘀的功效，是我国民间常用的一种中草药。

国家重点保护野生植物	中国生物多样性红色名录（高等植物卷）	极小种群（狭域分布）保护物种
二级	无危（LC）	否

金荞麦 *Fagopyrum dibotrys*

蛛网萼 *Platycrater arguta* Siebold & Zucc.

绣球花科 Hydrangeaceae　蛛网萼属 *Platycrater*

形态特征：落叶灌木。高 0.5 ～ 3 m。茎下部近平卧或匍匐状；小枝灰褐色，几乎无毛，老后树皮呈薄片状剥落。叶膜质至纸质，披针形或椭圆形，长 9 ～ 15 cm，宽 3 ～ 6 cm，先端尾状渐尖，基部下延成狭楔形，边缘有粗锯齿或小齿，上面散生短粗毛或近无毛，下面疏被短柔毛，脉上的毛稍密，侧脉 7 ～ 9 对，纤细；叶柄长 1 ～ 7 cm。伞房状聚伞花序近无毛；花少数，不育花萼片 3 ～ 4 片，阔卵形，中部以下合生，轮廓呈三角形或四方形；孕性花萼筒陀螺状；花瓣稍厚，卵形，白色。蒴果倒圆锥状；种子椭圆形扁平。花期 7 月，果期 9 ～ 10 月。

识别要点：茎近平卧或匍匐状。叶对生。不育花萼片合生，轮廓呈三角形或四方形。

分布与生境：产于江西广丰、广信、铅山、贵溪、资溪。生于海拔 72 ～ 800 m 的山谷水旁林下或山坡石旁灌丛中。国内除江西外，亦分布于浙江、安徽、福建。

受威胁因素：蛛网萼系东亚特有单种属植物，间断分布于中国与日本。在中国，蛛网萼分布区域狭窄，分布点较少，在浙江、安徽、江西与福建呈零散分布，植株稀少。由于其野生资源破坏严重，生境退化，需加以保护。

种群现状：蛛网萼在江西分布点主要集中在东部武夷山脉地区，种群数量较为稳定，大部分在保护区内。

价值与用途：蛛网萼对研究植物地理、植物区系有较高的科学价值，不育花具有较高的观赏价值。

国家重点保护野生植物	中国生物多样性红色名录（高等植物卷）	极小种群（狭域分布）保护物种
二级	无危（LC）	否

蛛网萼 *Platycrater arguta*

茶 *Camellia sinensis* (L.) Kuntze

山茶科 Theaceae　山茶属 *Camellia*

形态特征：灌木或小乔木。嫩枝无毛。叶革质，长圆形或椭圆形，长 4 ～ 12 cm，宽 2 ～ 5 cm，先端钝或尖锐，基部楔形，上面发亮，下面无毛或初时有柔毛，侧脉 5 ～ 7 对，边缘有锯齿；叶柄长 3 ～ 8 mm，无毛。花 1 ～ 3 朵，腋生，白色；苞片 2 片，早落；萼片 5 片，无毛，宿存；花瓣 5 ～ 6 瓣，阔卵形；雄蕊多数；子房密生白毛。蒴果 3 球形或 1 ～ 2 球形。花期 10 月至翌年 2 月，果期翌年 10 月。

识别要点：叶革质，无毛，边缘有锯齿。花白色，萼片宿存，苞片 2 片。

分布与生境：江西全省山区均有产。生于海拔 300 ～ 1600 m 的山地林内或沟谷疏林内。国内除江西外，亦分布于江苏、浙江、安徽、福建、河南、湖北、湖南、广东、广西、四川、贵州、云南、西藏、陕西、台湾。

受威胁因素：茶虽然分布很广，各地都有栽培，但是野生茶资源较为稀少。自然状态下野生茶结实率低，病虫害较多，种群竞争能力弱，且多为灌木，少见大树，加上人为采挖，野生茶已日渐濒危。

种群现状：茶在江西各地山区均有分布，但大多数为栽培后逃逸或早期深居山里的百姓遗留下来的，野生茶种群数量相对稀少，如江西九岭山国家级自然保护区内，生于海拔 1200 m 的落叶阔叶林内的茶树，就是 1949 年前茶场遗留下来的，现已经逃逸为野生。

价值与用途：茶是重要的经济植物和人们的日常饮品，野生茶更是“栽培茶”的育种资源；其种子富含油脂，可榨取作食用油或工业用油。

国家重点保护野生植物	中国生物多样性红色名录（高等植物卷）	极小种群（狭域分布）保护物种
二级	数据缺乏（DD）	否

①花结构
②植株
③花枝
④嫩枝
⑤叶正反面

狭果秤锤树 *Sinojackia rehderiana* Hu

安息香科 Styracaceae　秤锤树属 *Sinojackia*

形态特征：小乔木或灌木。高 2 ～ 5 m。嫩枝被星状短柔毛。叶纸质，倒卵状椭圆形或椭圆形，长 5 ～ 9 cm，宽 3 ～ 4 cm，边缘具硬质锯齿，生于有花小枝基部的叶卵形而较小，侧脉每边 5 ～ 7 条；叶柄长 1 ～ 4 mm，被星状短柔毛。总状聚伞花序疏松，有花 4 ～ 6 朵，生于侧生小枝顶端；花白色；花萼倒圆锥形，密被灰黄色星状短柔毛；花柱线形，柱头不明显 3 裂。果实椭圆形，圆柱状，具长渐尖的喙，连喙长 2 ～ 2.5 cm，宽 10 ～ 12 mm，下部渐狭，褐色，有浅棕色皮孔，外果皮薄。花期 4 ～ 5 月，果期 7 ～ 9 月。

识别要点：嫩枝、叶、叶柄、花序被星状短柔毛。花白色，花瓣覆瓦状排列。果实椭圆形，圆柱状，具长渐尖的喙。

分布与生境：产于江西新建、安义、修水、彭泽、共青城。生于海拔 50 ～ 600 m 的林中或灌丛中。国内除江西外，亦分布于湖南、广东。

受威胁因素：狭果秤锤树为中国特有树种，分布区域狭窄，数量稀少，已经发现的分布点不超过 10 个。随着人为活动范围的扩大，其生长环境遭到破坏，生境也日渐退化，居群数量缩减严重。同时，狭果秤锤树野外种子萌发率低，自然更新能力差，加剧其濒危程度。

种群现状：狭果秤锤树是著名植物分类学家胡先骕 1930 年发表的，主产于江西北部，除模式标本产地南昌外，以永修分布面积最大，生于艾城镇风水林中，种群个体数量较多，在 50 株左右，生长状态较好，但由于地处村庄周边，亟须建立保护小区。本种在彭泽县桃红岭梅花鹿国家级自然保护区内亦有分布，生于海拔 70 ～ 200 m 山脚溪边或林中。2022 年中南林业大学李家湘团队在安义科学考察时，也发现了本种，生于南潦河边杂木林中，生长状态良好。

价值与用途：花果极具观赏价值。

国家重点保护野生植物	中国生物多样性红色名录（高等植物卷）	极小种群（狭域分布）保护物种
二级	濒危（EN）	否

狭果秤锤树 *Sinojackia rehderiana*

软枣猕猴桃 *Actinidia arguta* (Siebold & Zucc.) Planch. ex Miq.

猕猴桃科 Actinidiaceae　**猕猴桃属** *Actinidia*

形态特征：大型落叶藤本植物。小枝基本无毛或幼嫩时被毛；髓白色至淡褐色，片层状。叶膜质或纸质，卵形、长圆形、阔卵形至近圆形，长 6 ～ 12 cm，宽 5 ～ 10 cm，顶端急短尖，基部圆形至浅心形，边缘具繁密的锐锯齿，正面深绿色，无毛，背面脉腋和脉两侧有毛；叶脉不发达,6～7 对；叶柄长 3～6 cm，无毛或被微毛。花序腋生或腋外生，为 1 ～ 2 回分枝，1 ～ 7 朵花；花绿白色或黄绿色，芳香。果圆球形至柱状长圆形，无毛，无斑点，成熟时绿黄色或紫红色。

识别要点：茎具髓部。叶仅背面脉腋和脉两侧有毛。花绿白色或黄绿色。果实无毛，无斑点。

分布与生境：产于江西庐山、修水、彭泽、铅山、芦溪、安福。生于 800 ～ 1200 m 的混交林或水分充足的杂木林中。国内除江西外，亦分布于河北、山西、辽宁、吉林、黑龙江、浙江、安徽、福建、山东、河南、湖北、湖南、广西、重庆、四川、贵州、云南、陕西、甘肃、台湾。

受威胁因素：软枣猕猴桃在我国分布较广，从最北的黑龙江岸至南方广西境内的五岭山地都有分布，是重要的猕猴桃育种资源。由于人为采集活动范围的扩大，野生软枣猕猴桃种群数量急剧下降。同时，猕猴桃大多为雌雄异株，授粉率低，野外坐果率少，加之种子很小，野外种群自我更新能力困难。

种群现状：软枣猕猴桃在江西主要分布于北部和西部，其中已记录并有凭证标本的有 6 个分布点。

价值与用途：可作为猕猴桃育种资源；果可食，亦可药用。

国家重点保护野生植物	中国生物多样性红色名录（高等植物卷）	极小种群（狭域分布）保护物种
二级	近危（NT）	否

软枣猕猴桃 *Actinidia arguta*

中华猕猴桃 *Actinidia chinensis* Planch.

猕猴桃科 Actinidiaceae　猕猴桃属 *Actinidia*

形态特征：大型落叶藤本植物。叶纸质，倒阔卵形至倒卵形或阔卵形至近圆形，顶端截平形并中间凹入或具突尖、急尖至短渐尖，基部钝圆形、截平形至浅心形，边缘具脉出的直伸的睫状小齿，腹面深绿色，无毛或多少被毛，背面苍绿色，密被灰白色或淡褐色星状绒毛，侧脉 5 ～ 8 对；叶柄长 3 ～ 6 cm，被杂毛。聚伞花序 1 ～ 3 朵花；花初放时白色，放后变淡黄色。果黄褐色，被茸毛、长硬毛或刺毛状长硬毛，成熟时秃净或不秃净，具小而多的淡褐色斑点；宿存萼片反折。

识别要点：幼枝、叶、叶柄、果实被毛。叶先端大部分凹入或平截，少部分急尖。

分布与生境：江西南北山区均有产。生于海拔 200 ～ 1500 m 的山林中，一般多出现于灌丛、灌木林或次生疏林中。国内除江西外，亦分布于江苏、浙江、安徽、福建、河南、湖北、湖南、广东、广西、云南、陕西。

受威胁因素：中华猕猴桃是猕猴桃育种的重要母本资源，分布较广，在我国长江以南山区都有分布。其栽培和利用至少有 1200 年历史，是一种闻名世界的水果，但在野外都是零星分布，很少有较大居群，加之人为采集和采挖，野生资源日益减少。同时，中华猕猴桃具有雌雄异株的特性，由于野外生境的退化和全球气候的变化，其野生种群结实率极不稳定。

种群现状：中华猕猴桃在江西南北山区都有分布，但种群分化差异较大，特别是叶形、果形、被毛情况。中华猕猴桃是野生猕猴桃当中果实口感较好且较大的品种，因此野生资源被采集比较严重，当地老百姓也会栽培。

价值与用途：果可食用，亦可入药；可作为猕猴桃育种资源。

国家重点保护野生植物	中国生物多样性红色名录（高等植物卷）	极小种群（狭域分布）保护物种
二级	无危（LC）	否

中华猕猴桃 *Actinidia chinensis*

金花猕猴桃 *Actinidia chrysantha* C. F. Liang

猕猴桃科 Actinidiaceae　猕猴桃属 *Actinidia*

形态特征：大型落叶藤本植物。茎皮孔很显著，髓茶褐色，片层状。叶软纸质，阔卵形或卵形至披针状长卵形，长 7 ～ 14 cm，宽 4.5 ～ 6.5 cm，顶端急短尖或渐尖，基部略为下延状的浅心形或截平形，或为阔楔形，边缘有比较显著的圆锯齿，正面无毛，背面苍白色，无毛或近无毛，叶脉不发达，侧脉 7 ～ 8 对；叶柄水红色，长 2.5 ～ 5 cm，洁净无毛。花序 1 ～ 3 朵花，被茶褐色短茸毛；花金黄色。果成熟时栗褐色或绿褐色，秃净，具枯黄色斑点，柱状圆球形或卵珠形，长 3 ～ 4 cm。花期 5 月中旬，果期 11 月。

识别要点：茎髓片层状。叶背面无毛，苍白色，边缘具圆锯齿。花金黄色。果无毛，具斑点。

分布与生境：产于江西遂川、上犹、崇义。生于海拔 655 ～ 1400 m 的疏林中、灌丛中或林缘阳光较多处。国内除江西外，亦分布于湖南、广东、广西。

受威胁因素：金花猕猴桃是猕猴桃育种的重要资源，其分布面积较窄，仅在南岭山地中段有分布。全国已有腊叶标本分布点不超过 20 个，数量极其稀少。其果实大小仅次于中华猕猴桃，无毛，容易被人为采集。

种群现状：目前江西仅在遂川、上犹、崇义三地交界处有本种分布，数量稀少，已知种群分布点仅有 4 处。

价值与用途：金花猕猴桃是猕猴桃属植物中唯一具金黄色花朵的种，具有较高的观赏价值；果实较大，仅次于中华猕猴桃，且风味甚佳，极具育种价值。

国家重点保护野生植物	中国生物多样性红色名录（高等植物卷）	极小种群（狭域分布）保护物种
二级	近危（NT）	否

金花猕猴桃 *Actinidia chrysantha*

条叶猕猴桃 *Actinidia fortunatii* Finet & Gagnep.

猕猴桃科 Actinidiaceae　**猕猴桃属** *Actinidia*

形态特征：小型落叶或半落叶藤本植物。全体无毛或仅子房多少被毛。茎髓白色，片层状。叶卵形、卵状披针形至披针形，等侧或不等侧，直伸或弯歪，长 7 ～ 12 cm，宽 3 ～ 5 cm，顶端渐尖或短尖，基部钝形、狭浅心形至耳形，边缘锯齿大多细小，腹面绿色，无毛或个别变种有少量糙伏毛，背面被白粉或苍绿色，完全无毛；叶脉不发达，侧脉 6 ～ 7 对；叶柄长 1.2 ～ 2.5 cm。花序一般有花 3 朵，花淡红色；子房圆柱形。果灰绿色，圆柱形，或卵状圆柱形，长 1.5 ～ 1.8 cm。花期 4 ～ 5 月，果期 11 月。

识别要点：茎髓白色，片层状。叶变化较大，从卵形至披针形。花淡红色。果实圆柱形，被皮孔。

分布与生境：产于江西安福。生于海拔 1000 m 以下的低山或丘陵的乔木林中、灌丛中以及谷地或坡地。国内除江西外，亦分布于湖南、广东、广西、贵州。

受威胁因素：条叶猕猴桃主产于南岭地区，分布区域狭窄，种群数量较少。猕猴桃雌雄异株的特性，导致其坐果率低，自然更新缓慢。

种群现状：条叶猕猴桃在江西仅分布于罗霄山脉武功山段，数量稀少，仅见早期标本。

价值与用途：可入药；果实长圆柱形，可食用；是重要的猕猴桃育种资源。

国家重点保护野生植物	中国生物多样性红色名录（高等植物卷）	极小种群（狭域分布）保护物种
二级	近危（NT）	否

条叶猕猴桃 *Actinidia fortunatii*

大籽猕猴桃 *Actinidia macrosperma* C. F. Liang

猕猴桃科 Actinidiaceae　猕猴桃属 *Actinidia*

形态特征：木质藤本植物。藤蔓常缺短型果枝。茎髓白色，实心。叶幼时膜质，老时近革质，卵形或椭圆形，长 3 ～ 8 cm，宽 1.7 ～ 5 cm，边缘具斜锯齿或圆锯齿，顶端渐尖、急尖至浑圆形，基部阔楔形至圆形，两侧对称或稍不对称，老叶近全缘，叶背脉腋上有髯毛，中脉和叶柄无软刺。叶柄水红色，长 10 ～ 22 mm，无毛。花常单生，白色，萼片常见 2 ～ 3 片；花瓣一般 5 ～ 7 片，最多不超过 9 片。果成熟时橘黄色，卵圆形或球圆形，长 3 ～ 3.5 cm，顶端有乳头状的喙，基部有或无宿存萼片，果皮上无斑点，种子纵径 4 mm。花期 5 月，果熟期 10 月。

识别要点：茎髓白色，实心。叶无毛，仅背面脉腋上有鬓毛。花白色。果实无毛，具喙。

分布与生境：产于江西庐山、靖安、芦溪。生于海拔 1000 m 以下的丘陵或低山地的丛林中或林缘。国内除江西外，亦分布于江苏、浙江、安徽、湖北、广东。

受威胁因素：大籽猕猴桃是无毛猕猴桃类重要的育种资源，主要产于华东地区。本种分布点和种群数量稀少，加之猕猴桃为雌雄异株的特性和人为的采集，其种群数量日益减少。

种群现状：大籽猕猴桃自 20 世纪 80 年代梁畴芬发表以来，江西仅 3 处有记载分布，种群数量极其稀少。

价值与用途：可入药；果实无毛，可食；是重要的猕猴桃育种资源。

国家重点保护野生植物	中国生物多样性红色名录（高等植物卷）	极小种群（狭域分布）保护物种
二级	近危（NT）	否

大籽猕猴桃 *Actinidia macrosperma*

井冈山杜鹃 *Rhododendron jingangshanicum* Tam

杜鹃花科 Ericaceae　杜鹃属 *Rhododendron*

形态特征：常绿灌木或小乔木，高 2 ～ 7 m。树皮粗糙。叶革质，倒卵状长披针形或长圆状披针形，长 18 ～ 33 cm，宽 6 ～ 8 cm，先端锐尖，基部楔形，背面幼时被丛卷毛，后脱落，正面深绿，中脉及侧脉凹陷，侧脉 18 ～ 24 对。花序总状伞形，7 ～ 9 朵花；花萼盘状；钟状花冠倾斜，膨大，紫粉色，长 6 ～ 7 cm，5 潜裂，裂片先端微缺，花喉部一侧具点状紫斑；雄蕊 16 ～ 19 枚，不等长，长 2.8 ～ 3.6 cm，花丝基部被短柔毛；子房卵球形，无毛；花柱长约 4.5 cm，被微柔毛；膨胀的柱头，盘状。蒴果长约 2.5 cm。花期 3 ～ 4 月，果期 9 ～ 10 月。

识别要点：常绿灌木或小乔木。叶革质，倒卵状长披针形，成熟叶无毛。花喉部具紫斑，子房无毛。

分布与生境：产于江西井冈山、遂川。生于海拔 590 ～ 1900 m 的山顶、山谷、溪边疏林下。国内除江西外，也产于湖南。

受威胁因素：井冈山杜鹃仅分布在湘赣边界井冈山至南风面高海拔地区，种群分布面积狭窄，数量稀少，野外自我更新能力弱，对生长环境要求较高，喜冷凉。因井冈山杜鹃观赏价值高，其野外资源被盗采严重，生境也日益退化。

种群现状：井冈山杜鹃野生资源稀少，国内现已有记录分布点仅 7 个。江西井冈山地区本种有 6 个分布点，多生于海拔 590 ～ 1700 m 的山顶、溪边林下或山谷谷底。遂川南风面国家级自然保护区内的井冈山杜鹃群落面积较大，生长状况良好，生于海拔 1800 ～ 1900 m 的山谷、溪边疏林下。

价值与用途：园林观赏，亦可作为杜鹃花育种资源。

国家重点保护野生植物	中国生物多样性红色名录（高等植物卷）	极小种群（狭域分布）保护物种
二级	易危（VU）	否

井冈山杜鹃 *Rhododendron jingangshanicum*

江西杜鹃 *Rhododendron kiangsiense* Fang

杜鹃花科 Ericaceae　杜鹃属 *Rhododendron*

形态特征：灌木，高约 1 ～ 1.5 m。茎皮灰色、灰褐色或灰黑色。幼枝绿色，被鳞片。叶片革质，长圆状椭圆形，长 4 ～ 5 cm，宽 2 ～ 2.5 cm，顶端钝尖，具小短尖头，上面深色，无鳞片，下面灰色，被鳞片；叶柄长 3 ～ 5 mm，上面平坦无沟槽，疏生粗毛，被鳞片。花序顶生，伞形，有花 2 朵；花冠宽漏斗形，白色，5 裂；雄蕊 8 枚；子房密被鳞片，柱头大。蒴果卵形，长 1.5 ～ 2 cm，被鳞片。

识别要点：幼枝、叶背、叶柄、子房被鳞片。花白色。

分布与生境：产于江西铅山、芦溪、井冈山、安福、上犹、崇义。生于海拔 900 ～ 1700 m 的山坡、岩石缝或灌丛中。国内除江西外，也分布于浙江。

受威胁因素：江西杜鹃属于杜鹃花科有鳞大花亚组。有鳞类杜鹃主要分布在西南高海拔地区，而江西杜鹃是我国东南地区仅存的有鳞类杜鹃花科植物。该种野外繁殖能力弱，种群数量稀少，对生长环境要求较为苛刻，在江西，仅在东南部海拔较高地方生长。同时，随着旅游业的兴起，其生境退化严重。

种群现状：江西杜鹃主要分布在罗霄山脉武功山、井冈山和齐云山。武功山的江西杜鹃主要生于海拔 1100 ～ 1600 m 的针阔混交林林缘边或疏林石壁上。崇义县齐云山国家级自然保护区 2017 年也发现有 8 株江西杜鹃，是已知本种分布点的最南端，生于海拔 900 ～ 1000 m 的山坡杂灌丛中或石壁上。井冈山的江西杜鹃主要分布于山顶针阔混交林内的石壁上。2022 年江西野生兰科植物调查验收过程中，专家组在武夷山国家级自然保护区内也发现了江西杜鹃居群，生于林下杂灌丛中，数量较少，生长状态良好。

价值与用途：园林观赏，亦可作为杜鹃花育种资源。

国家重点保护野生植物	中国生物多样性红色名录（高等植物卷）	极小种群（狭域分布）保护物种
二级	濒危（EN）	否

江西杜鹃 *Rhododendron kiangsiense*

香果树 *Emmenopterys henryi* Oliv.

茜草科 Rubiaceae　香果树属 *Emmenopterys*

形态特征：落叶乔木。树皮灰褐色，鳞片状；小枝有皮孔。叶纸质或革质，阔椭圆形、阔卵形或卵状椭圆形，长 6 ～ 30 cm，宽 3.5 ～ 14.5 cm，顶端短尖或骤然渐尖，基部短尖或阔楔形，全缘，上面无毛或疏被糙伏毛，下面较苍白，被柔毛或仅沿脉上被柔毛，或无毛而脉腋内常有簇毛，侧脉 5 ～ 9 对；叶柄长 2 ～ 8 cm，无毛或有柔毛。圆锥状聚伞花序顶生；花芳香；萼管长约 4 mm，具变态的叶状萼裂，匙状卵形或广椭圆形；花冠漏斗形，白色或黄色。蒴果长圆状卵形或近纺锤形，长 3 ～ 5 cm。花期 6 ～ 8 月，果期 8 ～ 11 月。

识别要点：落叶乔木。叶对生。花具变态的叶状萼裂。蒴果近纺锤形。

分布与生境：产于江西庐山、武宁、修水、永修、乐平、广丰、德兴、玉山、铅山、婺源、宜丰、靖安、铜鼓、贵溪、黎川、宜黄、金溪、资溪、广昌、芦溪、井冈山、永丰、遂川、安福、上犹、崇义、寻乌、石城。生于海拔 300 ～ 1470 m 的山谷林中，喜湿润而肥沃的土壤。国内除江西外，亦分布于江苏、浙江、安徽、福建、河南、湖北、湖南、广东、广西、四川、贵州、云南、陕西、甘肃。

受威胁因素：香果树为中国特有单种属、孑遗植物，虽然分布范围很广，但是多零星分布，散生，野外种子萌发能力低，天然更新能力差，加之其木材优质、树干通直，野外盗采严重，其分布范围与种群数量日益缩减。

种群现状：香果树在江西南北山区都有分布，种群数量稳定。庐山香果树种群数量较多，在牯岭和小天池附近山坡上都能见到其踪迹。

价值与用途：优质用材，树皮和根可入药。

国家重点保护野生植物	中国生物多样性红色名录（高等植物卷）	极小种群（狭域分布）保护物种
二级	近危（NT）	否

香果树 *Emmenopterys henryi*

巴戟天 *Morinda officinalis* F. C. How

茜草科 Rubiaceae 巴戟天属 *Morinda*

形态特征：木质藤本植物。肉质根肠状缢缩。嫩枝被粗毛，后脱落变粗糙。叶对生，纸质，长圆形、卵状长圆形或倒卵状长圆形，长6～13 cm，宽3～6 cm，顶端急尖或具小短尖，基部钝，圆形或楔形，边全缘，有时具稀疏短缘毛，上面初时被粗毛，后变无毛，中脉线状隆起，多少被刺状硬毛或弯毛，下面无毛或中脉处被疏短粗毛；侧脉每边5～7条；叶柄长4～11 mm，下面密被短粗毛；托叶膜质。花序3～7伞形排列于枝顶；花序被短柔毛；头状花序具花4～10朵；花冠白色，近钟状。聚花核果由多花或单花发育而成，熟时红色，扁球形或近球形，直径5～11 mm。花期5～7月，果熟期10～11月。

识别要点：肉质根肠状缢缩。嫩枝、叶、叶柄具粗毛。叶对生，具膜质托叶。聚花核果。

分布与生境：产于江西寻乌。生于山地疏、密林下或灌丛中，常攀于灌木或树干上。国内除江西外，亦分布于福建、广东、广西、海南。

受威胁因素：巴戟天主要分布于华南地区，过去野生资源丰富，种群数量稳定。由于巴戟天有特殊的药用功效，市场对其需求也逐年增加，使其野生资源遭到严重破坏。

种群现状：巴戟天在江西主要分布于南部地区，目前仅见寻乌有分布，主要分布于与广东平远交界的项山地区，生于海拔500～1000 m的疏林下、路边灌丛中，数量稀少，仅有零星分布。

价值与用途：根可入药。

国家重点保护野生植物	中国生物多样性红色名录（高等植物卷）	极小种群（狭域分布）保护物种
二级	极危（CR）	否

巴戟天 *Morinda officinalis*

苦梓 *Gmelina hainanensis* Oliv.

唇形科 Lamiaceae　石梓属 *Gmelina*

形态特征：乔木，高 7 ～ 15 m。树干直，树皮灰褐色，呈片状脱落；枝条有明显的叶痕和皮孔；芽被淡棕色绒毛。叶对生，厚纸质，卵形或宽卵形，长 5 ～ 16 cm，宽 4 ～ 8 cm，全缘，稀具 1 ～ 2 粗齿，顶端渐尖或短急尖，基部宽楔形至截形，表面亮绿色，无毛，背面苍白色，被微茸毛，基生脉三出，侧脉 3 ～ 4 对，在背面隆起；叶柄长 2 ～ 4 cm，有毛。聚伞花序排成顶生圆锥花序，总花梗长 6 ～ 8 cm，被黄色绒毛；花萼钟状，顶端 5 裂，裂片卵状三角形，顶端钝圆或渐尖；花冠漏斗状，黄色或淡紫红色。核果倒卵形，着生于宿存花萼内。花期 5 ～ 6 月，果期 6 ～ 9 月。

识别要点：叶对生。叶背面苍白色，被微茸毛，基生脉三出。花萼裂片卵状三角形。

分布与生境：产于江西寻乌。生于海拔 100 ～ 700 m 的山坡疏林中、路边林缘。国内除江西外，亦分布于广东、广西、海南等地。

受威胁因素：苦梓主要分布于华南地区，其木材性能与世界名材柚木 *Tectona grandis* L. f. 相似。本种长期遭到人为的砍伐和盗采，其种群数量日益减少，生境也因人类活动范围的扩张而退化。

种群现状：苦梓在江西仅见于南部寻乌地区，目前已发现该地有 5 处分布点，生于海拔 100 ～ 700 m 的山坡疏林中、路边林缘，多为幼苗。

价值与用途：优质用材，园林观赏，根可入药。

国家重点保护野生植物	中国生物多样性红色名录（高等植物卷）	极小种群（狭域分布）保护物种
二级	无危（LC）	否

苦梓 *Gmelina hainanensis*

疙瘩七 *Panax bipinnatifidus* Seem.

五加科 Araliaceae　人参属 *Panax*

形态特征：多年生草本植物。根状茎呈竹节状。茎高 30 ～ 60 cm。掌状复叶 3 ～ 6 片轮生茎顶；小叶 3 ～ 5 片，中央一片最大，椭圆形至长椭圆形，长 8 ～ 12 cm，宽 3 ～ 5 cm，先端长渐尖或尾尖，基部楔形或圆形，边缘有锯齿，上面脉上散生少数刚毛，下面无毛，侧脉 8 ～ 10 对，两面明显，最外一对侧生小叶较小；小叶柄长达 2.5 cm。伞形花序单个顶生或有分枝；花小，淡黄绿色；萼边缘有 5 齿；花瓣 5 瓣；雄蕊 5 枚；花柱 2 枚，分离。果扁球形，核果状浆果，成熟时鲜红色。花期 5 ～ 6 月，果期 8 ～ 9 月。

识别要点：根状茎呈竹节状。掌状复叶 3 ～ 6 片轮生茎顶，小叶 3 ～ 5 片。

分布与生境：产于江西庐山、武宁、铅山、靖安、井冈山、遂川、崇义。生于海拔 1000 ～ 1600 m 中山地带的灌丛中或阔叶林下。国内除江西外，亦分布于浙江、安徽、河南、湖北、湖南、广西、四川、贵州、云南、西藏、陕西、甘肃。

受威胁因素：疙瘩七在中国分布很广，早期野外种群数量较为稳定，然而因本种具有独特的药用价值，导致其市场需求逐年增加，野生资源遭受破坏性采挖。同时，因疙瘩七生长在高海拔和生态系统较为脆弱的地方，每年生长周期短，加剧了其生境破坏与退化速度。

种群现状：疙瘩七在江西分布点较少，仅在武夷山、庐山、九岭山脉、罗霄山脉中南段有零星分布。

价值与用途：根茎药用。

国家重点保护野生植物	中国生物多样性红色名录（高等植物卷）	极小种群（狭域分布）保护物种
二级	濒危（EN）	否

疙瘩七 *Panax bipinnatifidus*

明党参 *Changium smyrnioides* H. Wolff

伞形科 Apiaceae　明党参属 *Changium*

形态特征：多年生草本植物。根粗壮。茎直立，坚硬，有细条纹，高 0.5 ～ 1 m。叶广卵形，三出式 2 ～ 3 回羽状全裂；叶柄长，基部有三角形的膜质叶鞘。复伞形花序顶生或侧生；总苞片无或少数；伞辐 4 ～ 10，开展；小总苞片少数，钻形或线形；花白色；萼齿 5 枚，有时发育不全；花瓣 5 瓣，长圆形或卵状披针形，顶端尖而内折；雄蕊 5 枚，与花瓣互生；花柱基略隆起，花柱向外反折。果实圆卵形或卵状长圆形，侧面扁，光滑，有 10 ～ 12 条纵纹。花期 4 月。

识别要点：全株无毛。茎直立，坚硬。叶三出式 2 ～ 3 回羽状全裂。总苞片无或少数。

分布与生境：产于江西柴桑、瑞昌、庐山、彭泽、靖安。生于海拔 972 m 以下的山地土壤肥厚处或山坡岩石缝隙中。国内除江西外，亦分布于江苏、浙江、安徽、湖北。

受威胁因素：明党参曾广布于华东地区，是著名的中药材。由于明党参生长地海拔较低，药用价值较高，人为的毁林开荒和采挖严重，导致其生境日益破碎化。同时，明党参种子萌发率低和自我更新能力弱，加剧了其种群数量减少。

种群现状：明党参在江西主要分布于九江地区，目前已知分布地有 5 处。其中庐山地区种群数量较多，生于海拔 75 ～ 350 m 的石灰岩山地、荒地草丛中、山脚灌草丛中和山脚沟旁阴湿地。2022 年庐山植物园标本馆团队在九江市彭泽县村旁落叶阔叶林下的石灰岩上发现了明党参居群，生长状况良好。

价值与用途：根可入药。

国家重点保护野生植物	中国生物多样性红色名录（高等植物卷）	极小种群（狭域分布）保护物种
二级	易危（VU）	否

①植株
②生境
③花和花序
④叶正反面

参考文献

程淑媛，戴利燕，卢建，等．江西杜鹃花科植物多样性特征与开发利用［J］．赣南师范大学学报，2017，38（3）：85－89.

邓贤兰，龙婉婉，肖春玲．井冈山福建柏种群结构与分布格局的研究［J］．井冈山大学学报（自然科学版），2017，38（1）：45－48.

符潮，刘倩，孔思佳，等．白豆杉在江西的地理分布及其群落的特征分析［J］．赣南师范大学学报，2017，38（6）：127－130.

符潮，卢建，李中阳，等．江西篦子三尖杉地理分布及主要群落分析［J］．江西科学，2017，35（1）：16－22+46.

高浦新，李美琼，周赛霞，等．濒危植物长柄双花木（*Disanthus cercidifolius* var. *longipes*）的资源分布及濒危现状［J］．植物科学学报，2013，31（1）：34－41.

郭昌庆．黄豆杉的特异性状研究［D］．南昌：江西农业大学，2021.

郭龙清，程明，孙楠芳，等．江西壳斗科一新记录种：尖叶栎［J］．南方林业科学，2019，47（1）：40－41.

郭微，景慧娟，凡强，等．江西井冈山穗花杉群落及其物种多样性研究［J］．黑龙江农业科学，2013（7）：71－76.

郭微，沈如江，吴金火，等．江西三清山华东黄杉群落的组成及结构分析［J］．植物资源与环境学报，2007，16（3）：46－52.

韩宇，罗火林，沈宝涛，等．井冈山自然保护区野生兰科植物物种多样性的海拔梯度格局［J］．南昌大学学报（理科版），2015，39（3）：301－306.

何飞，郑庆衍，刘克旺．江西宜丰县官山穗花杉群落特征初步研究［J］．中南林学院学报，2001（1）：74－77.

《江西植物志》编辑委员会．江西植物志：第1卷［M］．南昌：江西科学技术出版社，1993.

《江西植物志》编辑委员会．江西植物志：第2卷［M］．北京：中国科学技术出版社，2004.

《江西植物志》编辑委员会．江西植物志：第3卷［M］．南昌：江西科学技术出版社，2014.

匡全，涂华，夏克坚，等．江西莼菜产业发展现状［J］．长江蔬菜，2021（10）：75－77.

黎桂芳．江西武功山篦子三尖杉资源的调查研究［J］．萍乡高等专科学校学报，2005（4）：48－49.

李飞，刘红宁，朱卫丰，等．江西彭泽贝母的研究概况［J］．江西中医学院学报，2003（1）：66－67.

李莉，江军，李石华，等．江西“新纪录”桫椤的发现及调查分析［J］．江西科学，2018，36（5）：824－829.

李象钦，李丽卡，谢国文，等．江西濒危植物长柄双花木群落区系多样性研究［J］．江西农业大学学报，2014，36（5）：948－957.

李艳，鲁顺保，刘晓燕，等．江西三清山华东黄杉种群遗传多样性研究［J］．江西农业大学学报，2009，31（4）：685－689.

林石狮，沈如江，郭微，等．江西三清山台湾松＋白豆杉－猴头杜鹃植物群落研究［J］．生态环境，2007，16（3）：912－919.

刘环，王程旺，肖汉文，等．江西兰科植物新资料［J］．南昌大学学报（理科版），2020，44（2）：167－171.

刘仁林，杨文侠，李坊贞，等．南岭北坡－赣南地区种子植物多样性编目和野生果树资源［M］．北京：中国科学技术出版社，2014.

刘仁林，易川泉．江西湿地植物图鉴［M］．南昌：江西高校出版社，2017.

刘仁林，张志翔，廖为明．江西种子植物名录［M］．北京：中国林业出版社，2010.

刘仁林，朱恒．江西木本及珍稀植物图志［M］．北京：中国林业出版社，2015.

刘阳，范邓妹，胡菀，等．第四纪末次盛冰期以来福建柏的潜在地理分布变迁［J］．西北林学院学报，2022，37（4）：92－99+142.

龙川，范永明，宋玉赞，等．井冈山国家级自然保护区 4 种重点保护野生植物资源调查［J］．安徽农学通报，2020，26（24）：82－85.

龙桂根，陈发菊，陈应德，等．华木莲开花结实特性及其濒危的影响因素［J］．东北林业大学学报，2021，49（10）：47－51.

罗嗣忠，黄宇潮，曹晓平，等．弋阳县极危物种水松的繁衍与保护［J］．江西科学，2016，34（2）：187－189+207.

彭雅惠．湖南省首次发现极危物种宝华玉兰［J］．林业与生态，2022（4）：48.

彭焱松，唐忠炳，谢宜飞．江西维管植物多样性编目［M］．北京：中国农业出版社，2021.

彭焱松，詹选怀，周赛霞，等．江西省种子植物 3 种新记录［J］．亚热带植物科学，2018，47（3）：266－268.

沈宝涛，罗火林，唐静，等．九连山兰科植物资源的调查与分析［J］．沈阳农业大学学报，2017，48（5）：597－603.

唐忠炳，李中阳，彭鸿民，等．江西乌毛蕨科一新记录属［J］．赣南师范大学学报，2017，38（3）：90－91.

汪松，解焱．中国物种红色名录：第 1 卷　红色名录 [M]. 北京：高等教育出版社，2004.

王程旺，梁跃龙，张忠，等．江西省兰科植物新记录［J］．森林与环境学报，2018，38（3）：367－371.

王江林，张少春．江西古树记录及其保护［J］．江西林业科技，1984（1）：11－22.

王江林．江西残存的古水松［J］．江西林业科技，1989（1）：44－45.

王江林．江西的珍稀濒危植物和自然保护区概述［J］．植物杂志，1994（4）：16.

肖鹏飞．杨氏丹霞兰（*Danxiaorchis yangii*）生物学特性的初步研究［D］．南昌：南昌大学，2022.

谢国文，郑毅胜，李海生，等．珍稀濒危植物永瓣藤生物多样性及其保护［J］．江西农业大学学报，2010，32（5）：1061－1066+1074.

徐国良，赖辉莲．江西省 2 种兰科植物分布新记录［J］．亚热带植物科学，2015，44（3）：253－254.

徐志健，王记林，郑晓明，等．中国野生稻种质资源调查收集与保护［J］．植物遗传资源学报，2020，21（6）：1337－1343.

YANG B，XIAO S，JIANG Y，et al. *Danxiaorchis yangii* sp. nov.（Orchidaceae：Epidendroideae），the second species of *Danxiaorchis*［J］. *Phytotaxa*，2017，306（4）：287－295.

杨清培，季春峰，杨光耀，等．江西齐云山福建柏群落优势种群生态位动态特征［J］．湖北民族学院学报（自然科学版），2010，28（3）：241－246.

余元钧，罗火林，刘南南，等．气候变化对中国大黄花虾脊兰及其传粉者适生区的影响［J］．生物多样性，2020，28（7）：769－778.

俞群，陈永聪．濒危植物蛛网萼在江西省内的资源分布及濒危现状［J］．种子科技，2019，37（1）：99－100+102.

俞群．江西重点保护野生植物的分布格局与热点地区研究［D］．南昌：江西农业大学，2016.

喻龙华，厉月桥，陈珍明，等．江西天然南方红豆杉群落及种群结构特征［J］．中南林业科技大学学报，2021，41（11）：164－172.

臧敏，邱筱兰，刘志龙，等．江西三清山浙江楠种群结构与分布格局分析［J］．安徽师范大学学报（自然科学版），2017，40（5）：469－472.

张文根，彭国康，曾文才，等．国家一级重点保护野生植物南方红豆杉新变型：黄豆杉［J］．江西农业大学学报，2018，40（6）：1194－1196+1230.

赵隽劼，费丹，陈萍，等．东乡野生稻种质资源保护现状、存在问题及对策［J］．中国稻米，2022，28（4）：23－26+29.

郑庆衍，郑峻嵘．新发现的濒危树种：落叶木莲［J］．植物杂志，2000（1）：51.

《中国植物志》编辑委员会．中国植物志［M］．北京：科学出版社，2004.

周赛霞，高浦新，潘福兴，等．狭果秤锤树自然种群分布格局［J］．浙江农林大学学报，2020，37（2）：220－227.

周赛霞，彭焱松，高浦新，等．狭果秤锤树群落结构与更新特征［J］．植物资源与环境学报，2019，28（1）：96－104.

周志光，温馨，钟平华，等．遂川南风面资源冷杉种群年龄结构及幼苗生长研究［J］．南方林业科学，2020，48（6）：35－39.

周志光，钟平华，高友英，等．遂川南风面资源冷杉种群及群落结构分析［J］．南方林业科学，2019，47（5）：31－35.

植物形态学术语图解

（a）缠绕茎

（b）攀缘茎

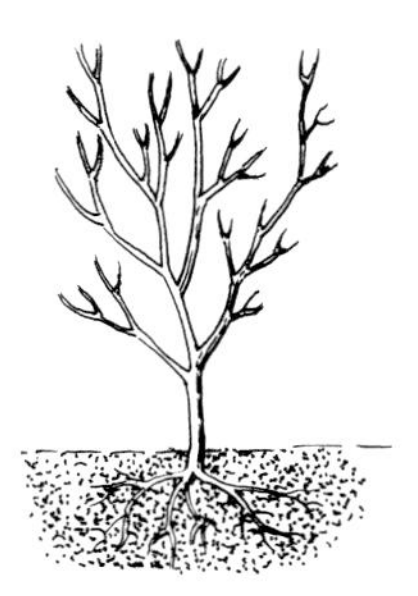

（c）直立茎

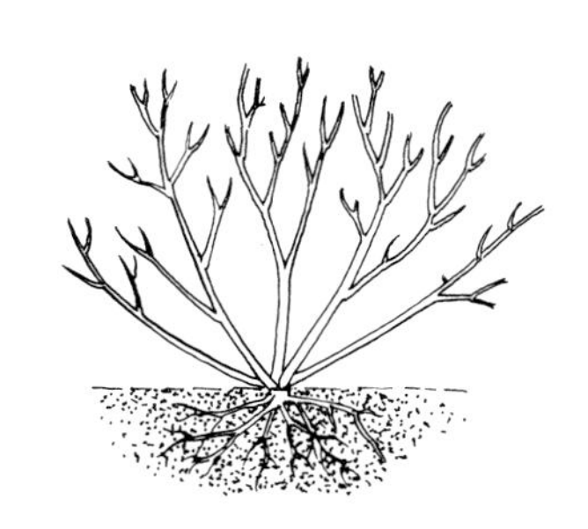

（d）斜生茎

（e）匍匐茎

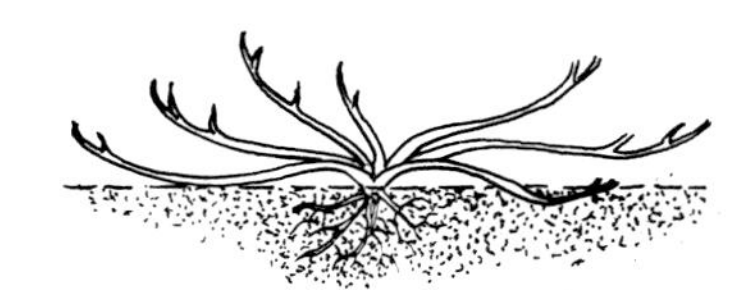

（f）斜倚茎

（g）平卧茎

图1　地上茎的类型

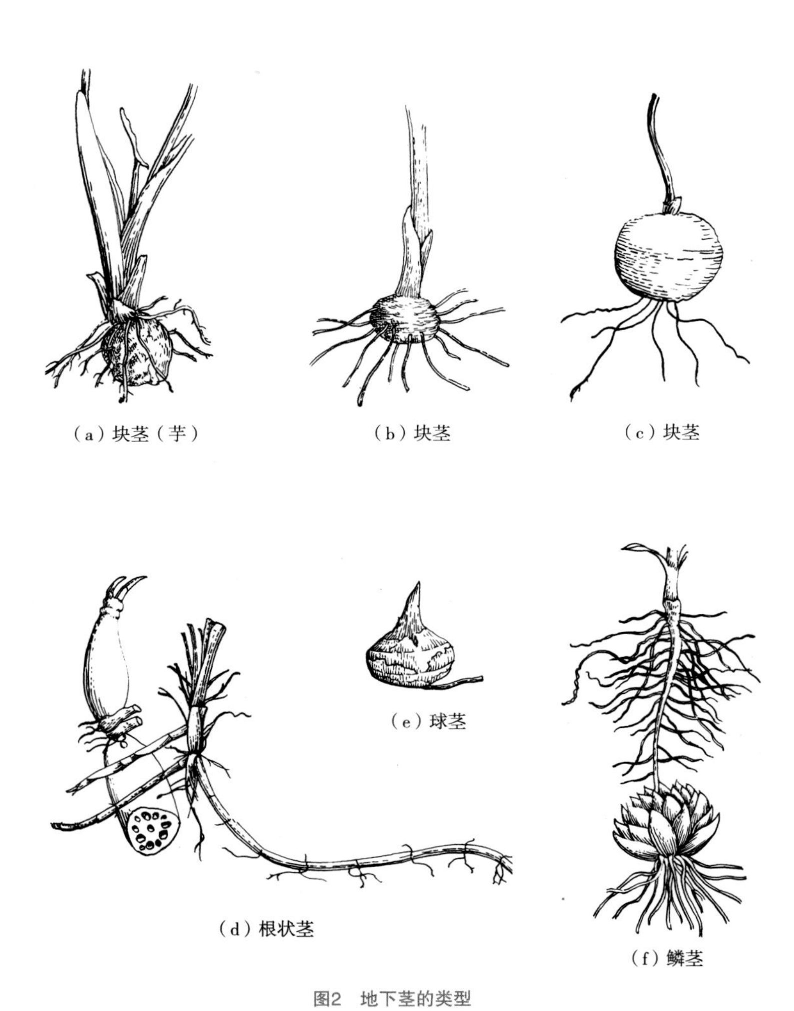

图2　地下茎的类型

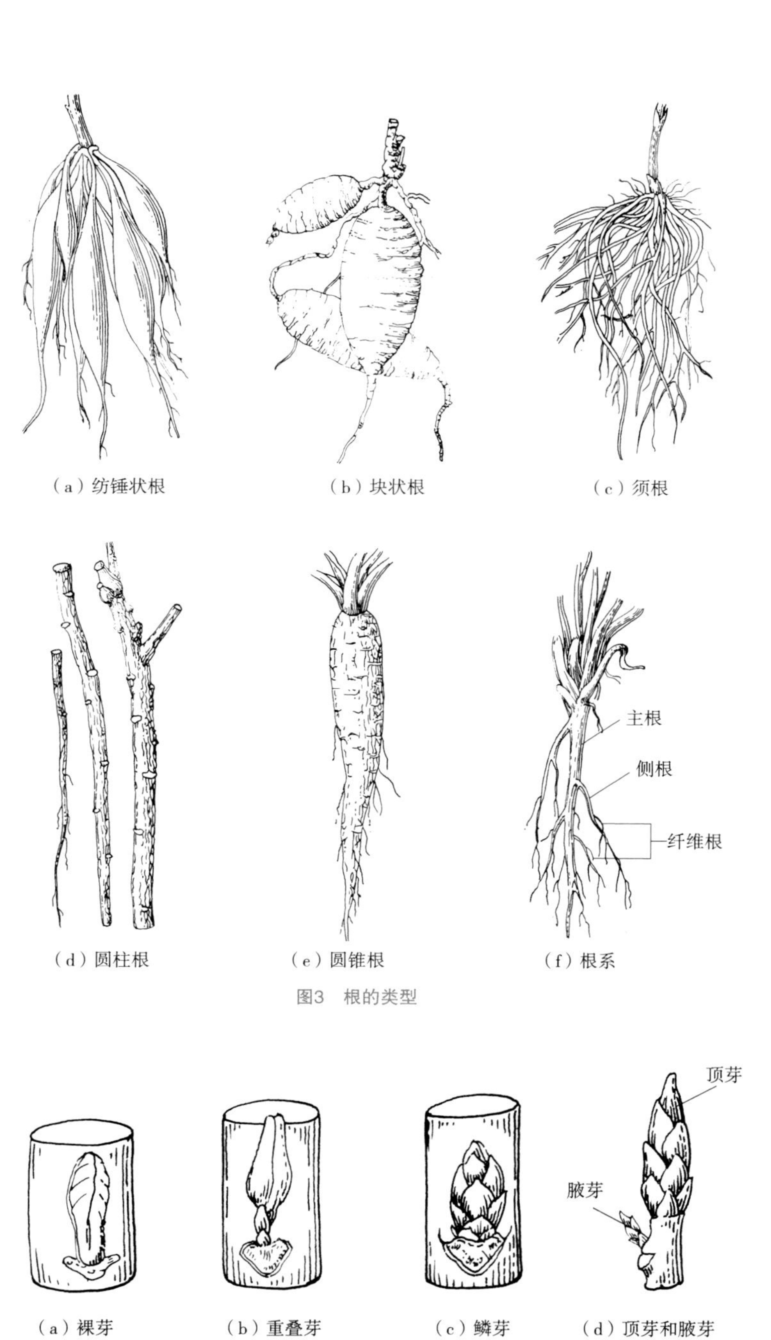

图3　根的类型

图4　芽的类型

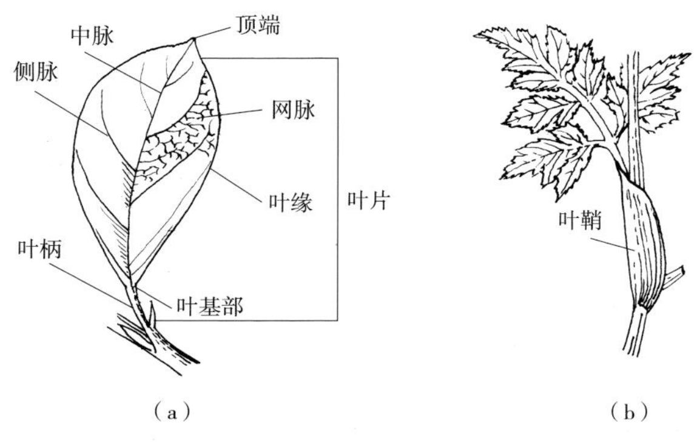

图5　叶外部形态的组成

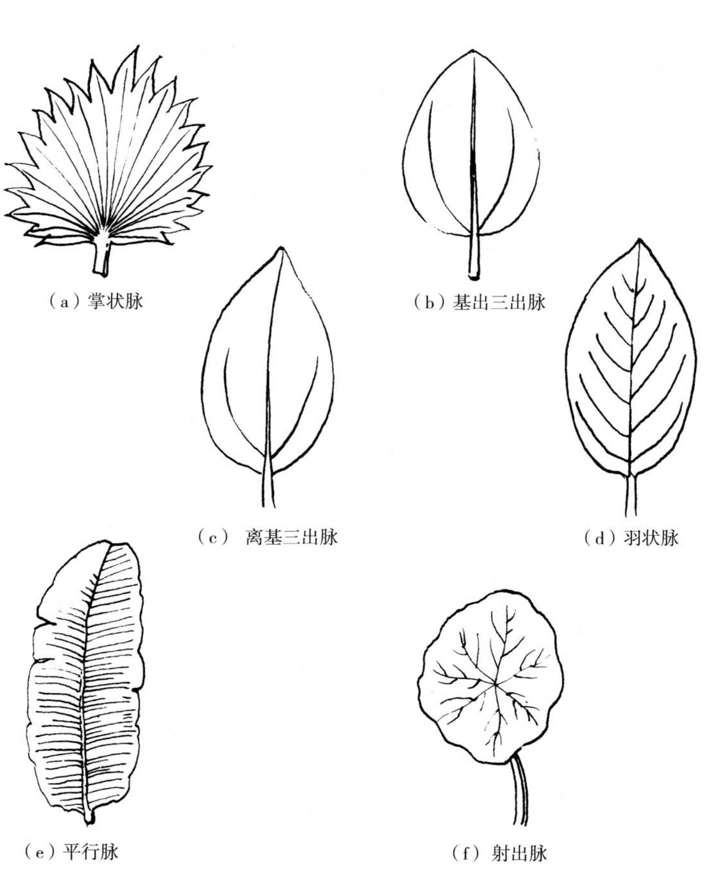

图6　脉序类型

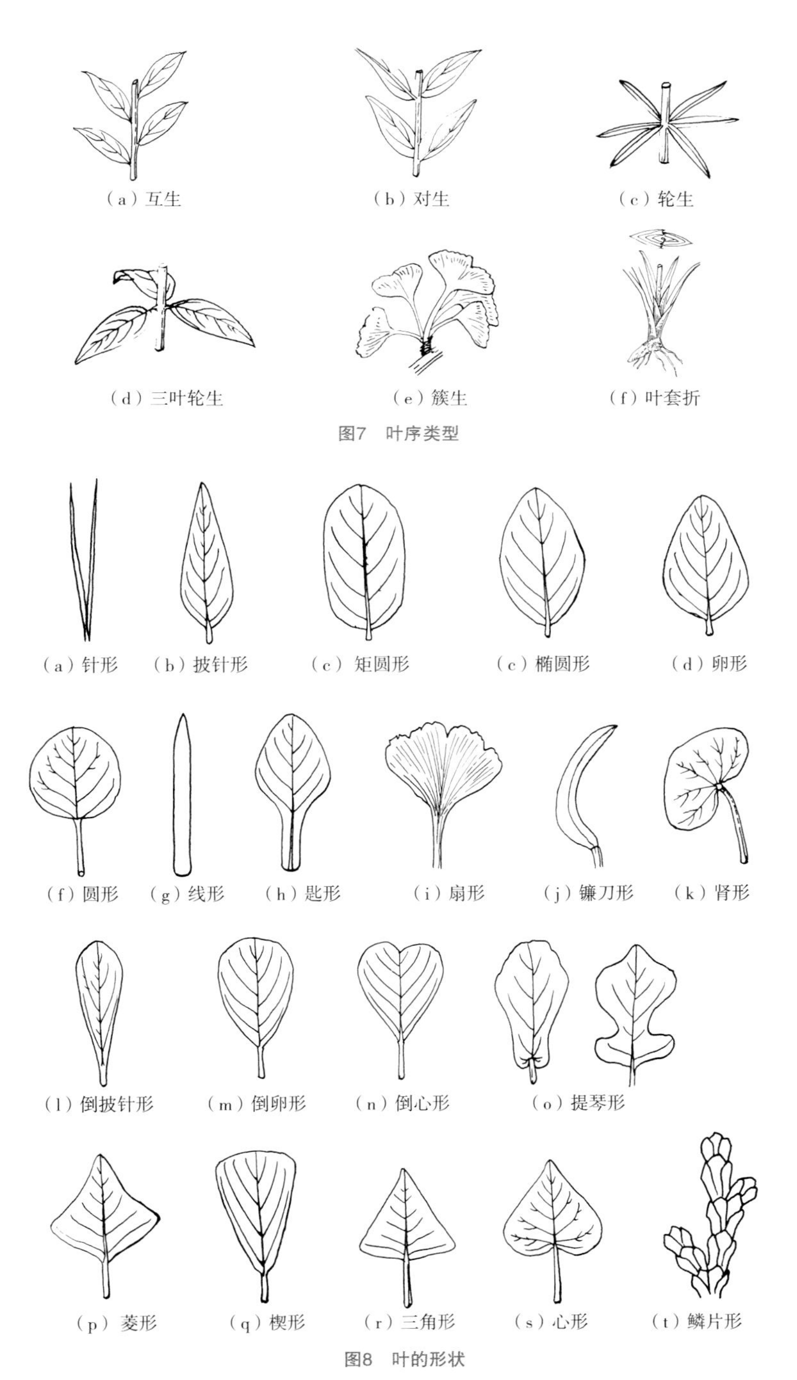

图7　叶序类型

图8　叶的形状

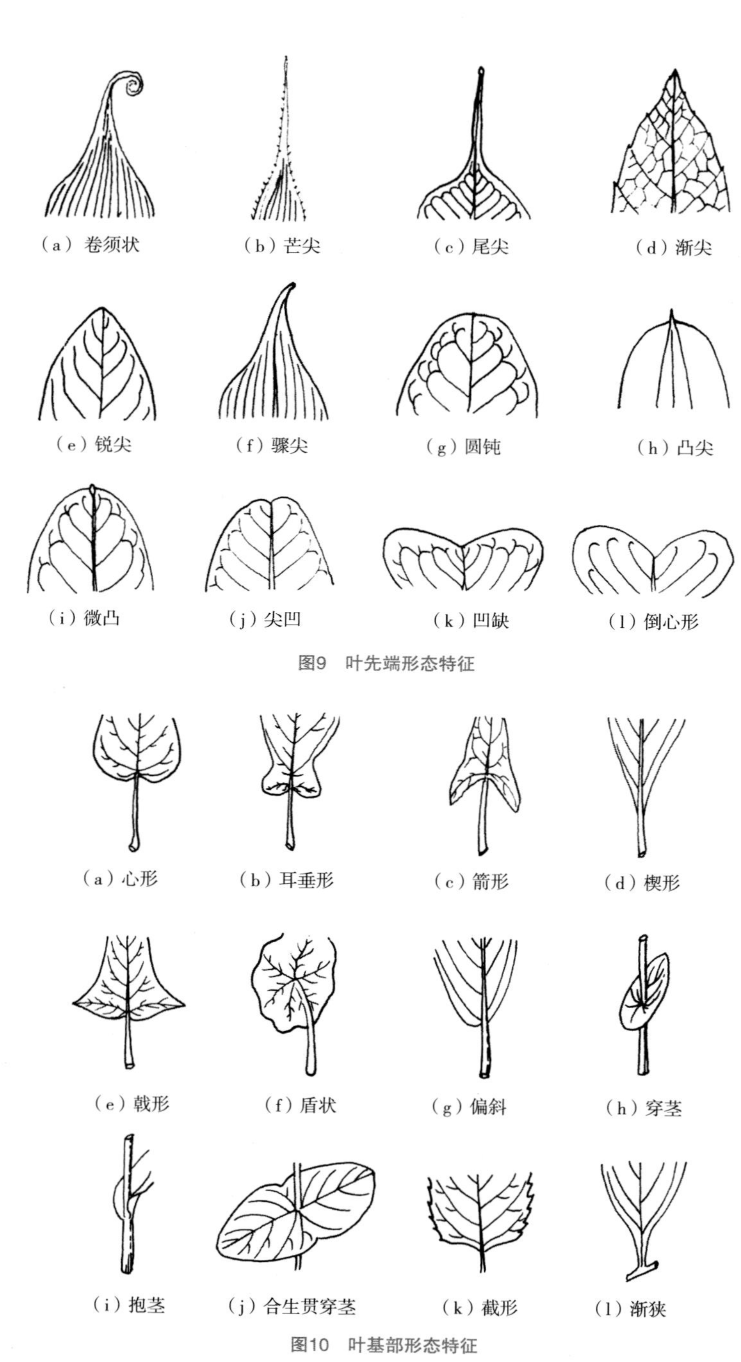

图9　叶先端形态特征

图10　叶基部形态特征

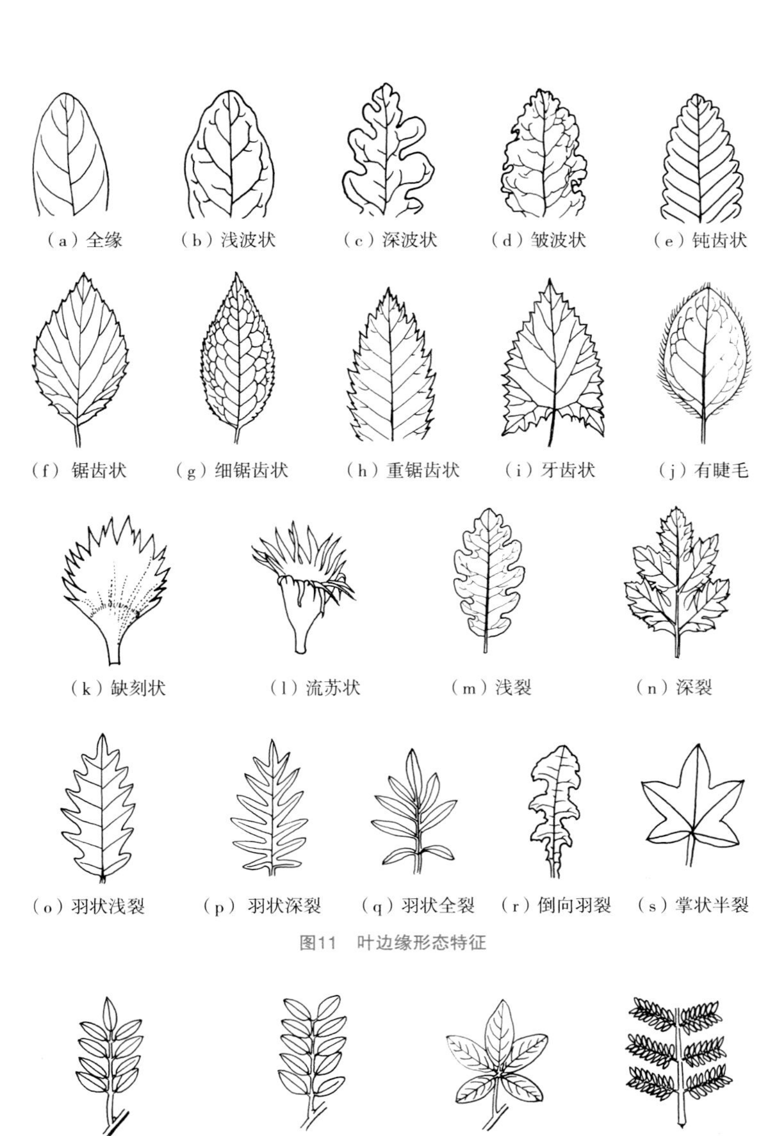

图11　叶边缘形态特征

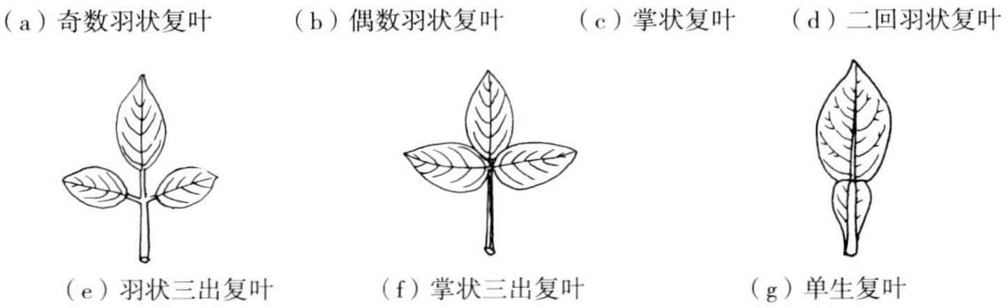

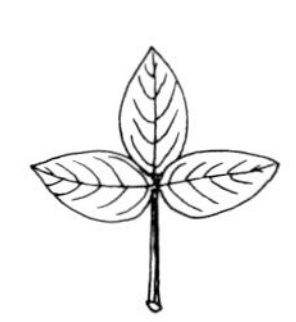

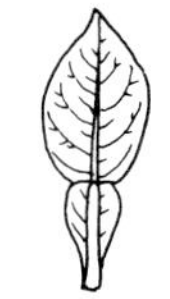

图12　单叶和复叶类型

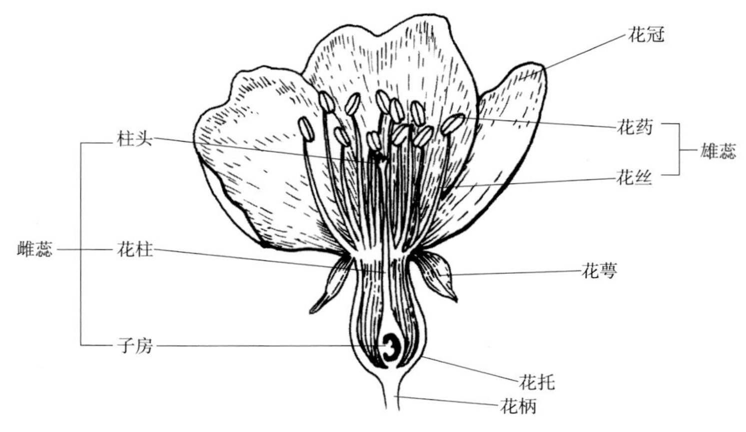

图13　花的组成

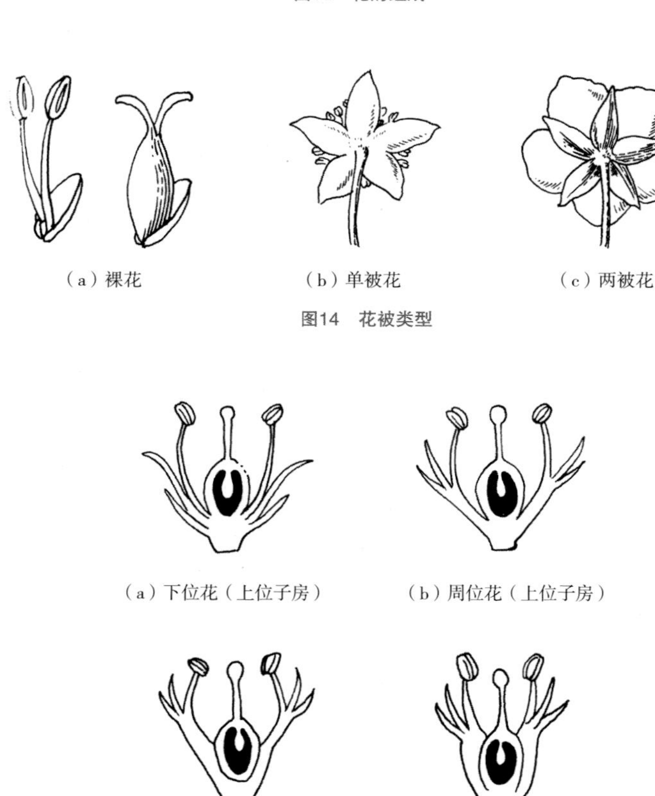

（a）裸花　（b）单被花　（c）两被花

图14　花被类型

（a）下位花（上位子房）　（b）周位花（上位子房）

（c）周位花（半下位子房）　（d）上位花（下位子房）

图15　子房位置

（a）筒状花

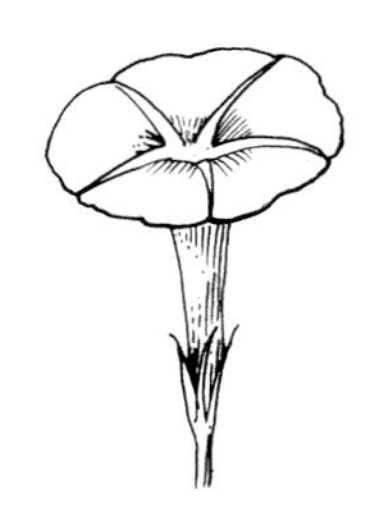

（b）漏斗状花

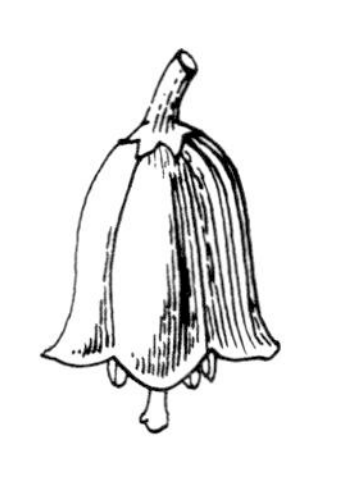

（c）钟状花

（d）高脚碟状花

（e）坛状花

（f）辐射状花

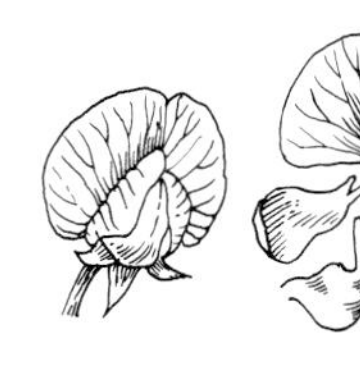

（g）蝶形花

（h）唇形花

（i）舌状花

图16　花冠类型

（a）镊合状

（b）内向镊合状

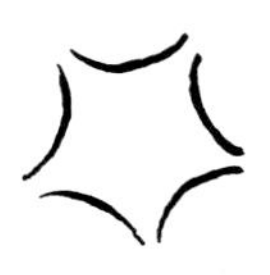

（c）外向镊合状

（c）旋转状

（d）覆瓦状

图17　花瓣或萼片在花芽中的排列方式

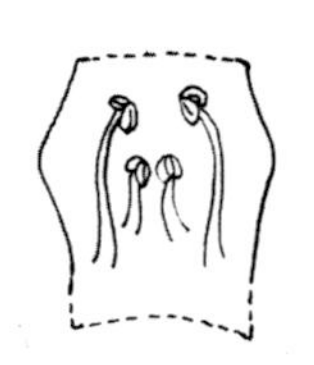

（a）二强雄蕊

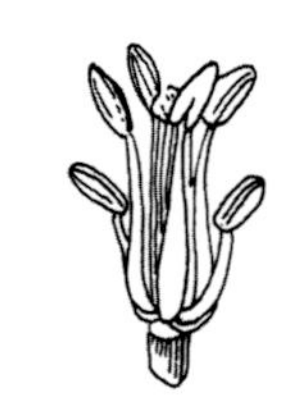

（b）四强雄蕊

（c）单体雄蕊

（d）冠生雄蕊

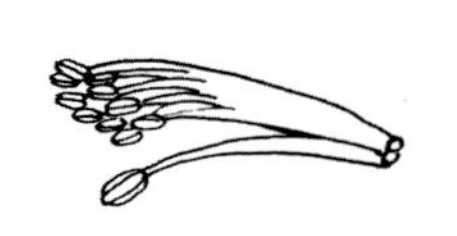

（e）两体雄蕊

（f）聚药雄蕊

图18　雄蕊类型

（a）纵裂

（b）瓣裂

（c）孔裂

图19　花药开裂方式

（a）丁字着药

（b）个字着药

（c）广歧着药

（d）全着药

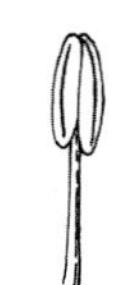

（e）基着药

（f）背着药

图20　花药着生方式

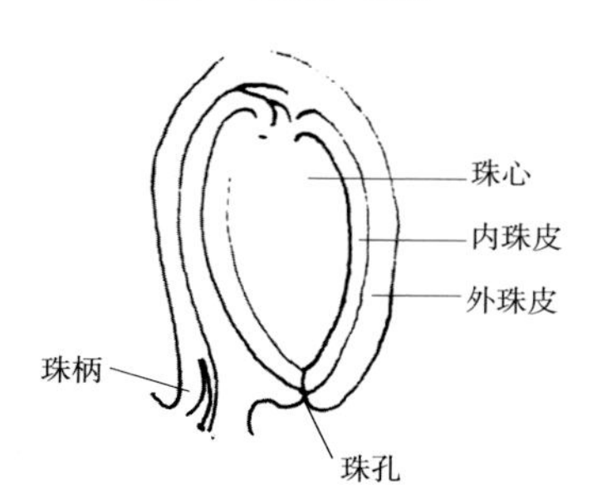

图21　胚珠结构

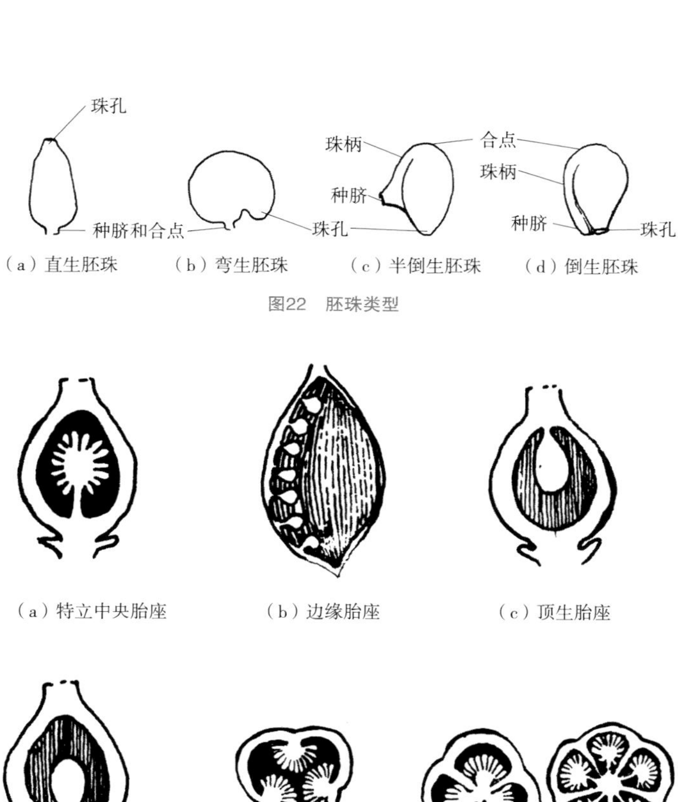

（a）直生胚珠　（b）弯生胚珠　（c）半倒生胚珠　（d）倒生胚珠

图22　胚珠类型

（a）特立中央胎座　（b）边缘胎座　（c）顶生胎座

（d）基生胎座　（e）侧膜胎座　（f）中轴胎座

图23　胎座类型

（a）离生心皮　（b）合生心皮

图24　心皮类型

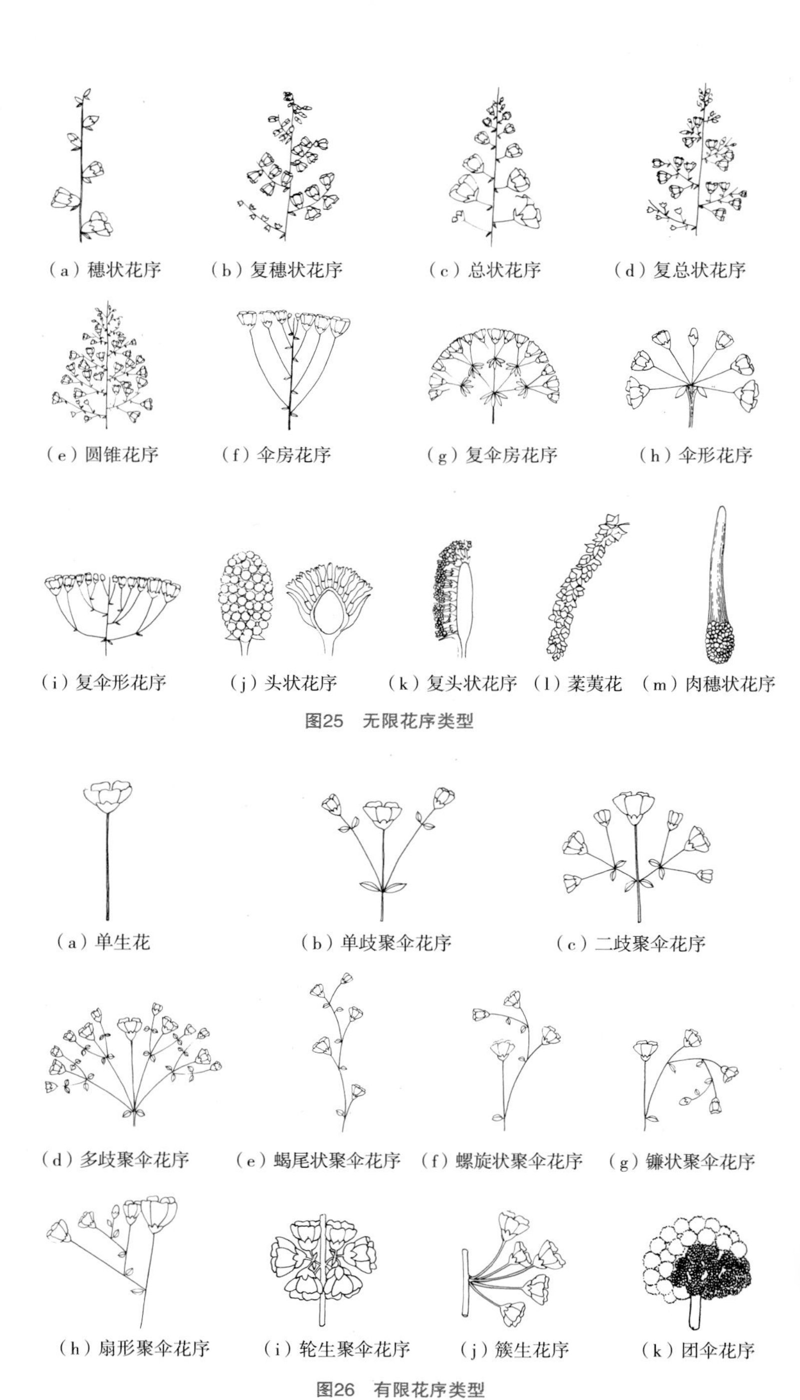

图25　无限花序类型

图26　有限花序类型

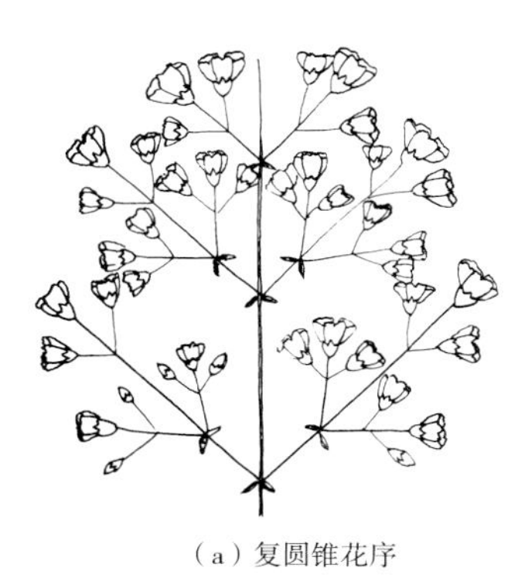

（a）复圆锥花序

（b）聚伞圆锥花序

图27　复花序类型

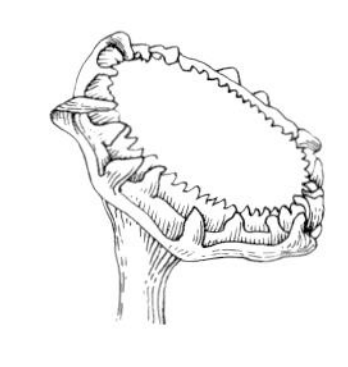

（a）嵌合总花托花序

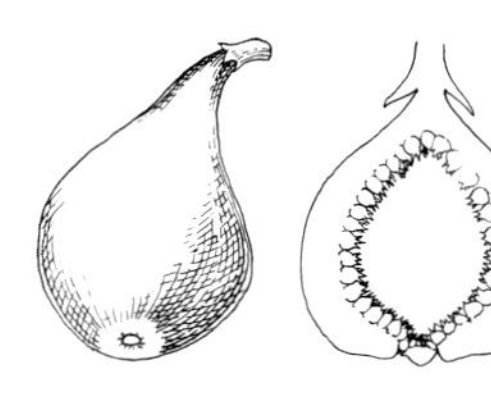

（b）隐头花序

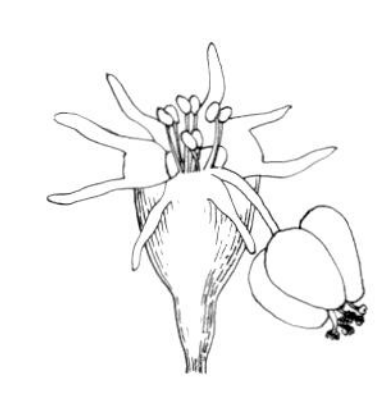

（c）杯状聚伞花序

（d）短梗伞形花序

图28　特殊类型花序

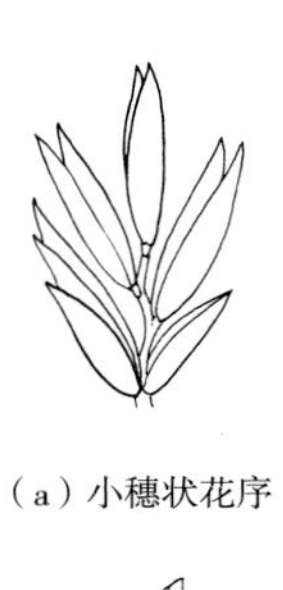

（a）小穗状花序

（b）穗状花序

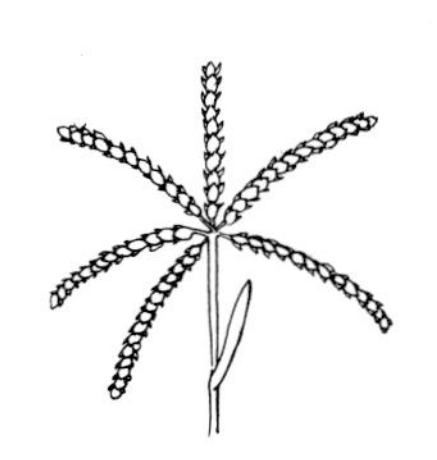

（c）复穗状花序

（d）总状花序

（e）圆锥花序

（f）流苏状穗状花序

（g）玉蜀黍的穗状雌花序

（h）长侧枝聚伞花序

（i）头状花序组成的顶生复聚伞花序

图29　禾本科、莎草科、灯芯草科花序类型

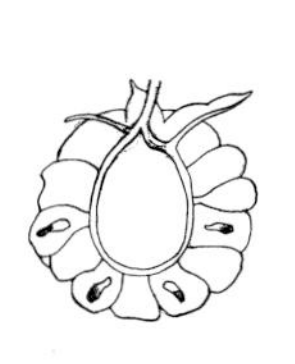

图30　聚合果

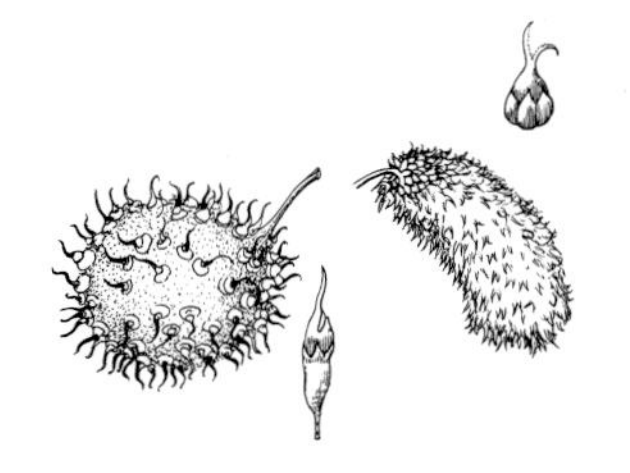

图31　聚花果

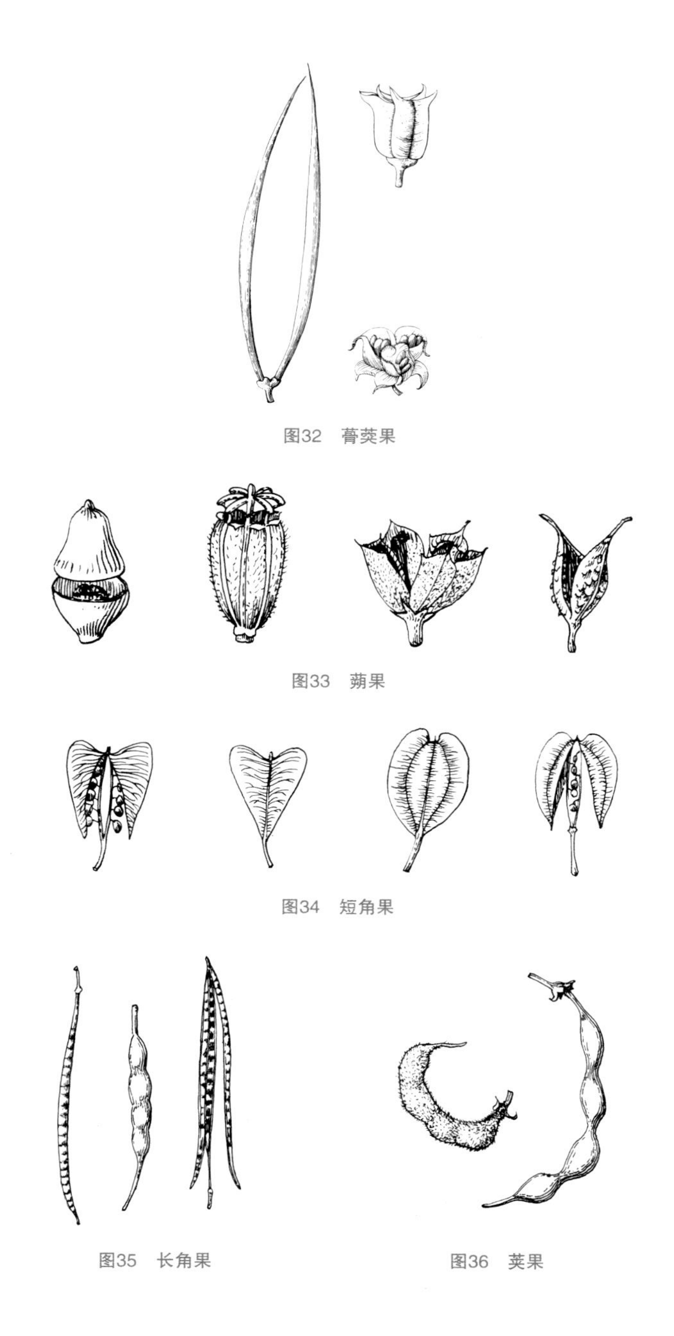

图32　蓇葖果

图33　蒴果

图34　短角果

图35　长角果

图36　荚果

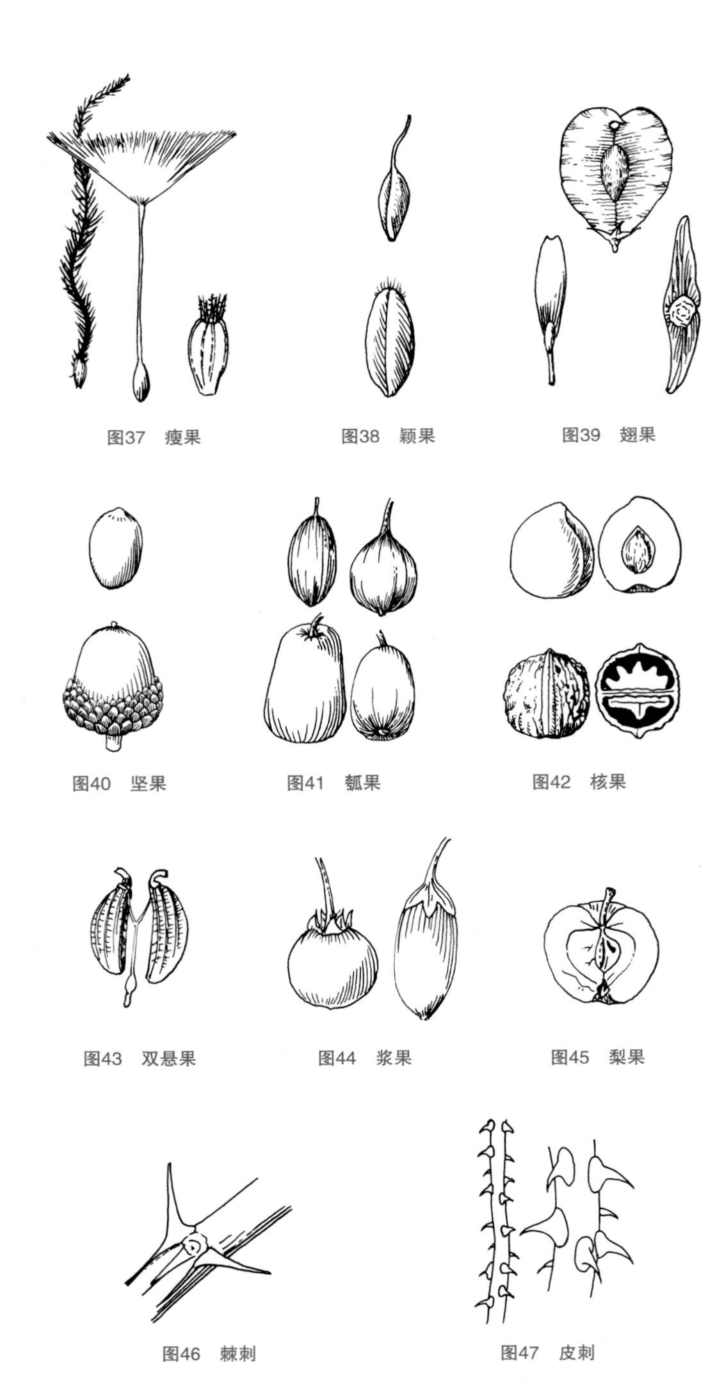

图37　瘦果

图38　颖果

图39　翅果

图40　坚果

图41　瓠果

图42　核果

图43　双悬果

图44　浆果

图45　梨果

图46　棘刺

图47　皮刺

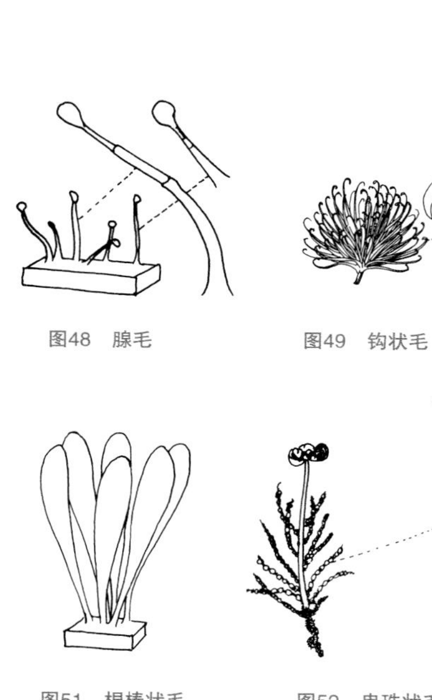

图48　腺毛

图49　钩状毛

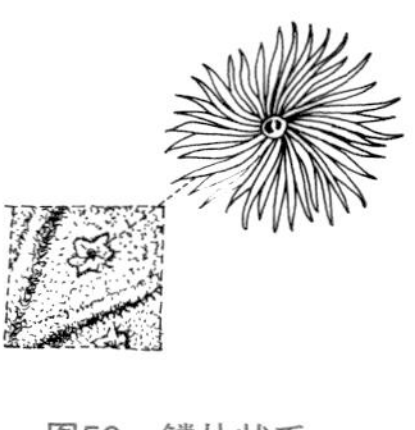

图50　鳞片状毛

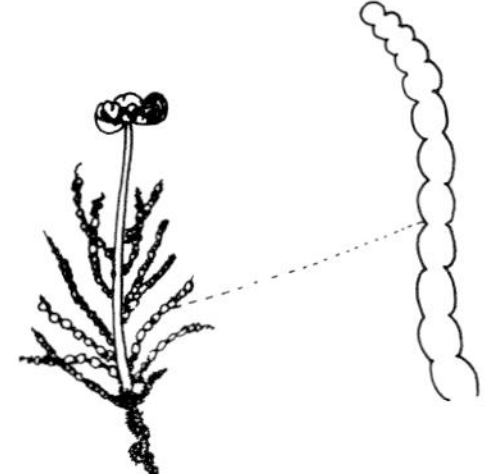

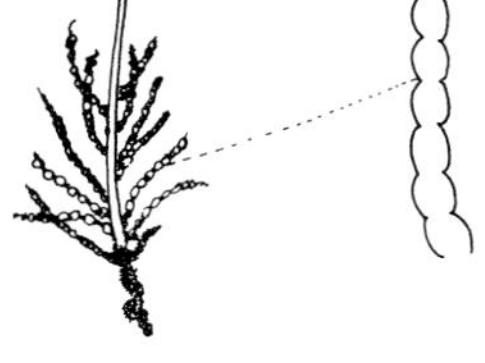

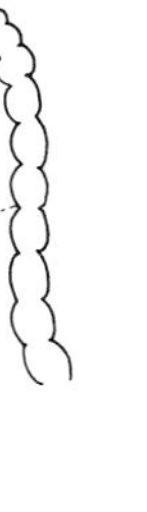

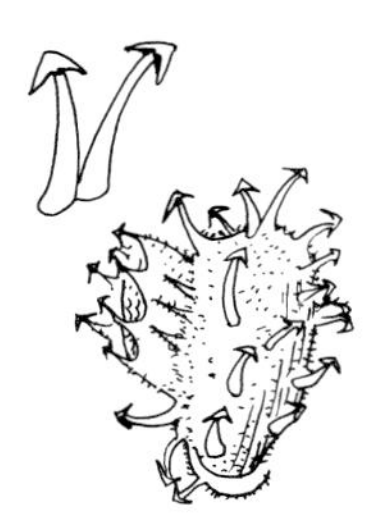

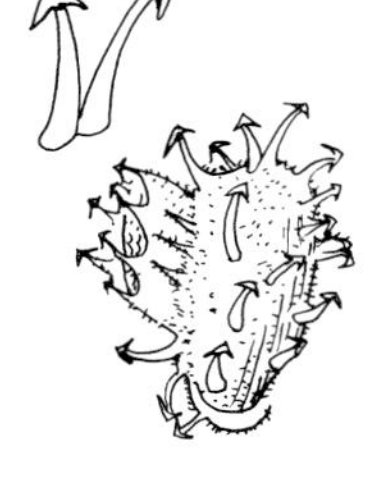

图51　棍棒状毛

图52　串珠状毛

图53　锚状刺毛

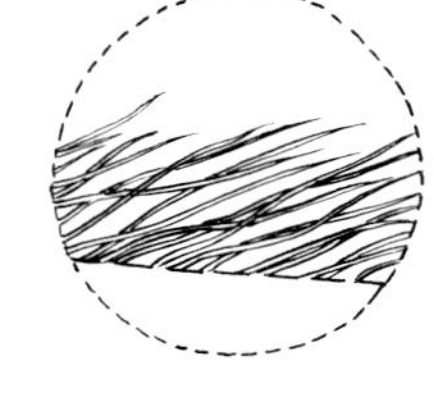

图54　绢状毛

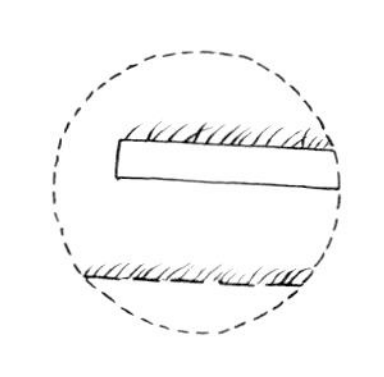

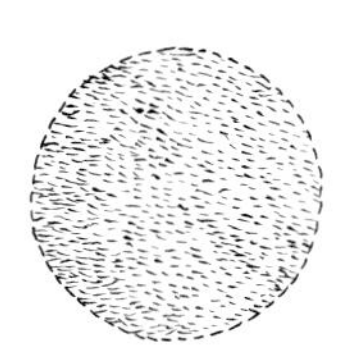

图55　短柔毛

图56　刚伏毛

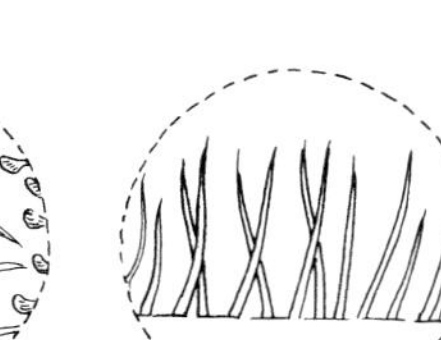

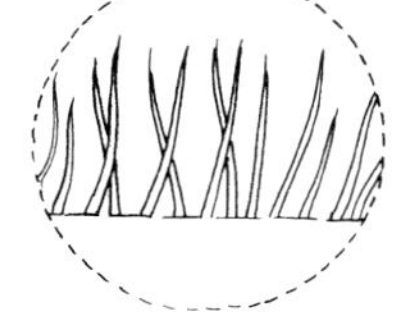

图57　硬毛

图58　刚毛

图59　星状毛

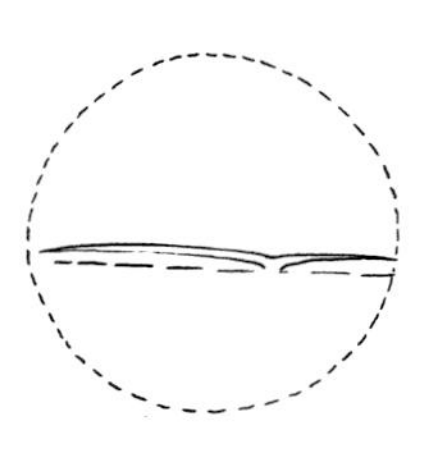

图60　丁字状毛

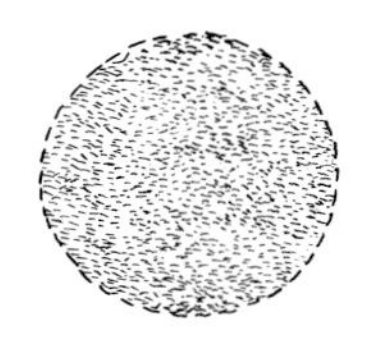
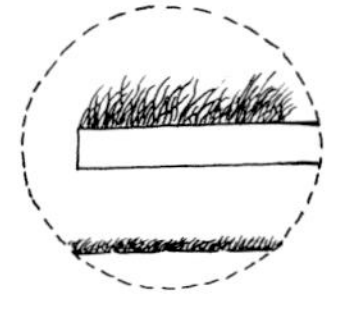

图61　毡毛

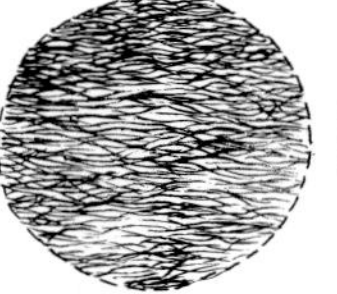
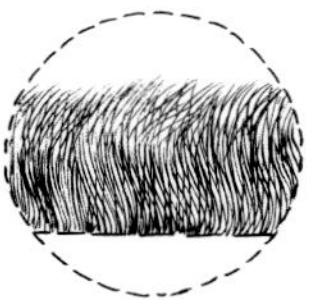

图62　绵毛

图63　曲柔毛

图64　疏柔毛

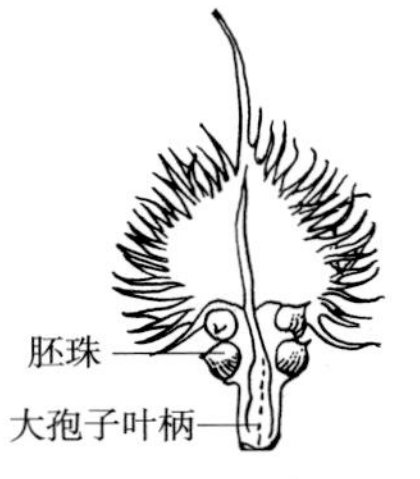
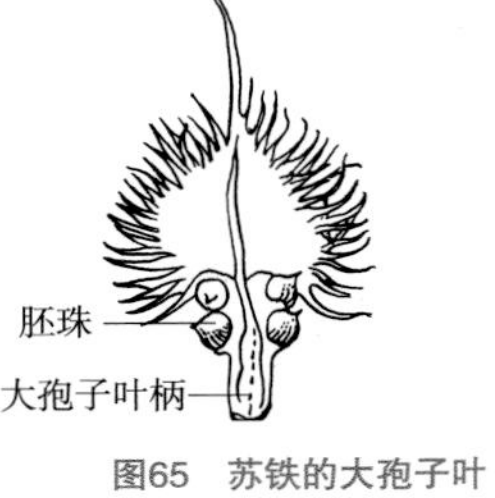

图65　苏铁的大孢子叶

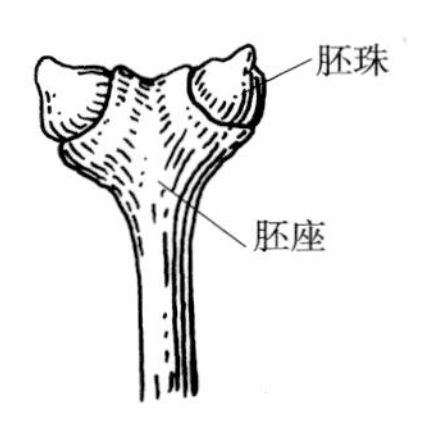

图66　银杏的雌球花

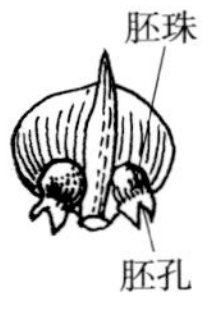

图67　松属植物的大孢子叶

图68　刺柏属植物的雌球花

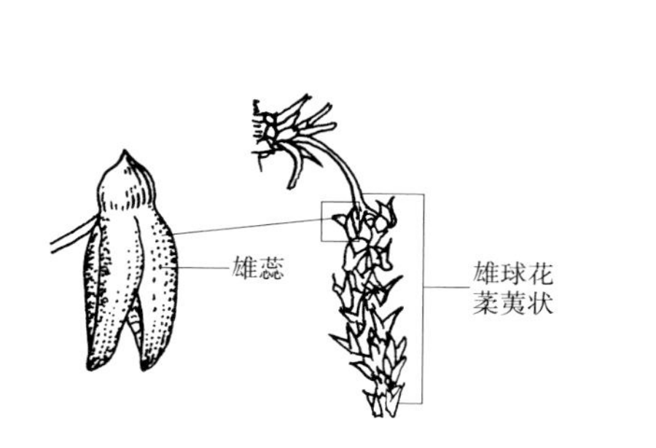

图69　银杏的雄球花和小孢子叶

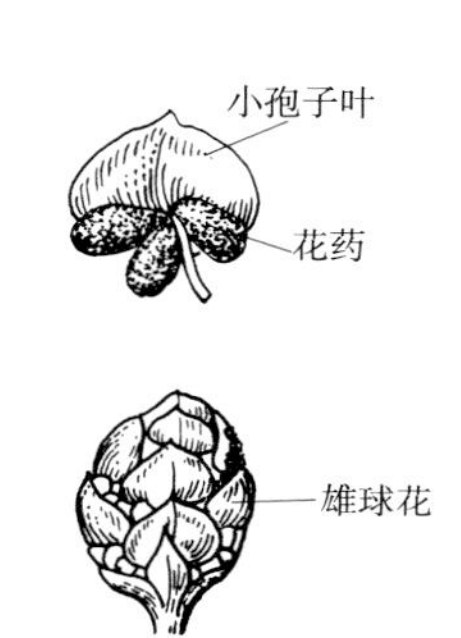

图70　圆柏属植物的一种雄球花和小孢子叶

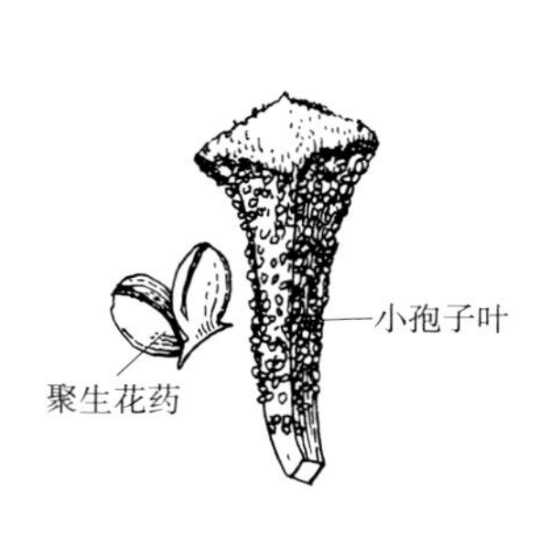

图71　苏铁的小孢子叶

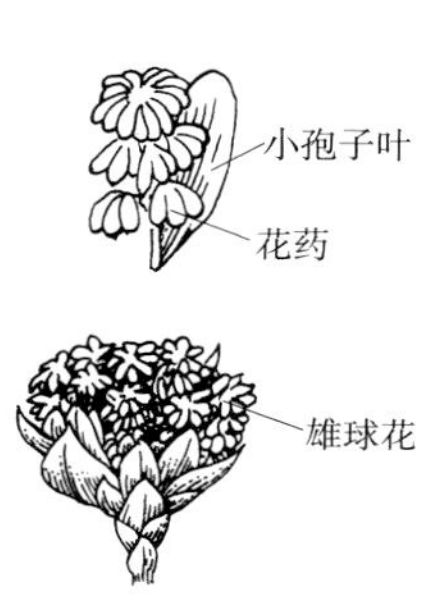

图72　三尖杉属植物的一种雄球花和小孢子叶

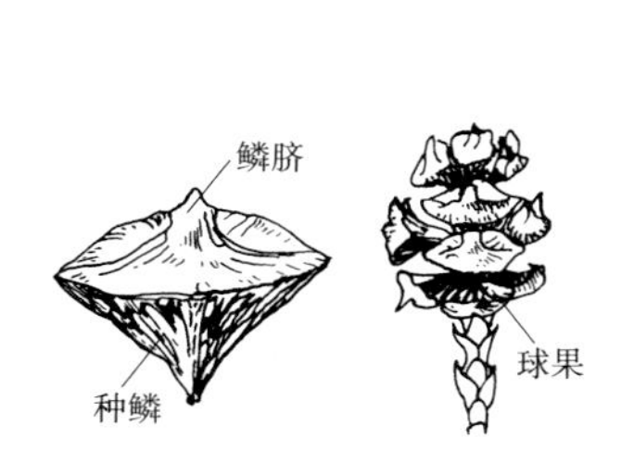

图73　扁柏属植物的一种球果

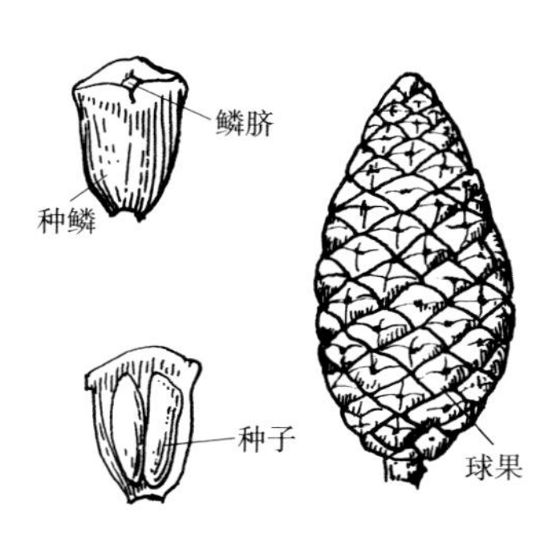

图74　松属植物的一种球果

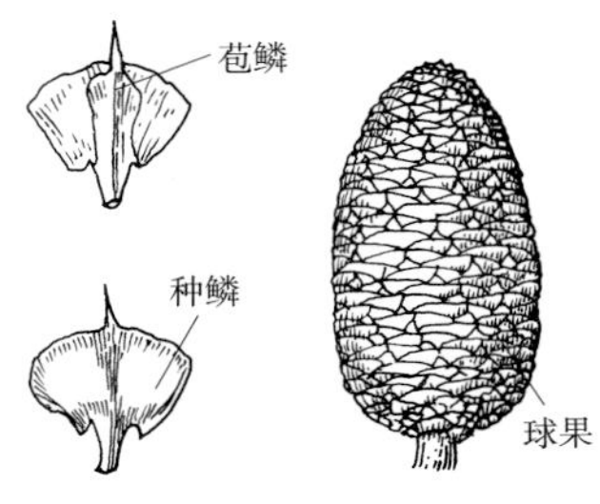

图75　冷杉属植物的一种球果

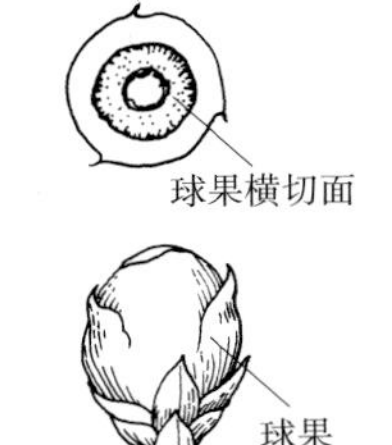

图76　刺柏属植物的一种球果

（a）穴生孢子囊群

（b）石松孢子囊穗

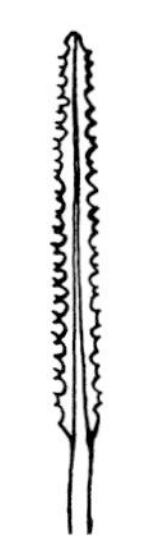

（c）瓶尔小草孢子囊穗

（d）凹点孢子囊群

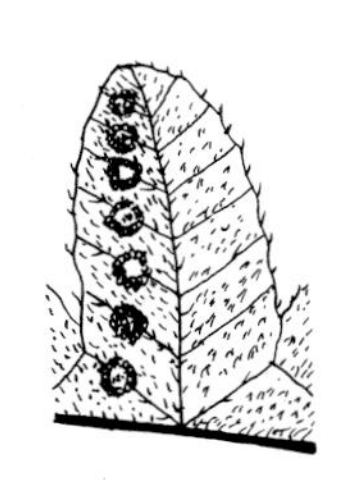

（e）脉背生孢子囊群

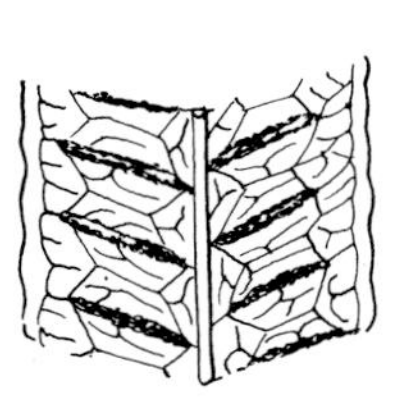
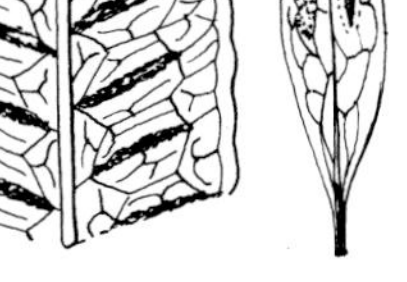

（f）条形孢子囊群

（g）无盖孢子囊群

（h）生孢子囊群

（i）网状孢子囊群

（j）顶生孢子囊群

图77　孢子囊群类型

中文名索引

Q

R

S

T

W

X

Y

Z

学名索引

Q

R

S

T

U

Y

Z

后　记

我们常常在想，植物的归宿在哪里？我们走遍山川河流进行采集调查，行密谷幽林，登连绵群山，悟万物之生机，听丛林之泣涕，自问：是什么把它们逼得退无可退？我们到底在保护什么？我们在拯救谁？

2021 年调整后的《国家重点保护野生植物名录》一公布，引发各方关注。而我们今天倾尽心力编写此书，只想呼吁大家自救。我们保护的并非物种，而是我们自己。我们拯救的也并非地球，拯救的是我们自己。因为地球和物种早在我们人类诞生之前，就经历了远非现在所能企及的千疮百孔，最后，地球还在前进，物种还在进化，逝去的可能只是我们人类，这匆匆过客。

本书的编撰并非一人或者一团队所能，乃众家群策群力之成果。在此特别感谢兄弟单位、植物爱好者为本书的编撰出版提供了照片帮助。本书照片提供者如下（排名不分先后，按姓氏音序排列）：邓顺科（长叶榧）、胡光万（金线重楼、球药隔重楼）、黄丹［天目贝母、浙贝母、六角莲（植株）］、李单琦［落叶木莲（树干）］、李晓东［金钱松（球果）、莼菜（花）、马蹄香、扇脉杓兰、美花石斛、连香树（花）、浙江马鞍树、软枣猕猴桃（果实）、条叶猕猴桃（果枝和叶背面）］、刘昂［资源冷杉（球果）、光叶红豆］、刘军［荞麦叶大百合（花）、钩状石斛、红豆树、长序榆（花序和幼果)]、刘仁林[百日青(种子)、野生稻(花药)、长穗桑(花序和树皮)]、汤睿(密花石斛)、徐晔春[黄石斛、串珠石斛(花)、广东石斛、巴戟天(植株和肉质根)]、叶喜阳(皱边石杉)、于胜祥(毛唇独蒜兰)、张成[条叶猕猴桃(花)]、周建军(金耳环)、朱仁斌(大根兰)、朱鑫鑫(柳杉叶马尾杉)、朱宗威(峨眉春蕙)。植物形态学术语图为朱玉善仿绘自《中国高等植物图鉴》和《Illustrated Plant Glossary》,其他照片全部由编者拍摄完成。

本书出版由中国科学院庐山植物园“植物多样性研究专著”出版项目资助。同时,本研究获得了中国科学院战略生物资源能力建设项目:中亚热带/南亚热带过渡区域——南岭北坡-赣南地区的植物多样性研究(KFJ-BRP-017-62);中国科学院战略生物资源科技支撑体系运行专项生物标本馆(博物馆)2020年度、2021年度、2022年度和2023年度运行补助经费项目;江西桃红岭梅花鹿国家级自然保护区综合科学考察项目;景德镇市国家重点保护野生植物资源补充调查项目(JXRY20220282);九江市国家重点保护野生植物资源补充调查项目(JXSX2023-JJ-C3677);江西省国家重点保护树种及其伴生木本植物资源调查和编目项目(JXRY20223101)支持。

此书寥以数言,非高深之见地,只望对江西植物之保护、生物多样性之研究、从业者之工作和热爱自然之人提供方便之门。特此后记。

编者
2023年5月28日
于中国科学院庐山植物园鄱阳湖分园